本书受国家自然科学基金(7150030653)项目资助

嵌入性视角下工业聚集区生态风险交叉传染机制及阻断策略研究

Research on Cross Infection Blocking Mechanism and Strategy of Ecological Risk in Industrial Agglomeration Area From the Perspective of Embeddedness

刘炳春 / 著

经济管理出版社
ECONOMY & MANAGEMENT PUBLISHING HOUSE

图书在版编目（CIP）数据

嵌入性视角下工业聚集区生态风险交叉传染机制及阻断策略研究/刘炳春著．—北京：经济管理出版社，2019.5

ISBN 978-7-5096-6527-5

Ⅰ．①嵌…　Ⅱ．①刘…　Ⅲ．①工业区—生态环境—风险分析　Ⅳ．①X171.1

中国版本图书馆CIP数据核字(2019)第067097号

组稿编辑：杨雅琳
责任编辑：杨雅琳
责任印制：黄章平
责任校对：王淑卿

出版发行：经济管理出版社
（北京市海淀区北蜂窝8号中雅大厦A座11层　100038）
网　　址：www.E-mp.com.cn
电　　话：(010) 51915602
印　　刷：三河市延风印装有限公司
经　　销：新华书店
开　　本：720mm×1000mm/16
印　　张：9.75
字　　数：186千字
版　　次：2019年6月第1版　　2019年6月第1次印刷
书　　号：ISBN 978-7-5096-6527-5
定　　价：48.00元

目 录

第一章　绪论

第一节　研究背景

2015 年 9 月，联合国通过了 2030 年可持续发展议程，其中包含 17 项可持续发展大目标（Sustainable Development Goals，SDGs）和 169 项具体目标。其中，保护陆地生态系统、防止沙漠化、遏制土壤退化和保护生物多样性作为一项大目标，要求进一步明确对陆地生态系统的保护举措。国际资源委员会（International Resource Panel）最新报告也表明，世界需要改进生态评估方式以此来释放环境的真正潜力，并改变生态环境以惊人速度退化的现状。生态评价可以有效地减小改变生态环境所产生的社会、经济和环境风险，同时提高土地修复和生物多样性保护的成功率。以可持续方式生产足够的生产、生活资料来满足人类需求，同时保证不进一步消耗世界有限的生态资源变得日益艰难，全球人口、经济的高速增长加速了对资源禀赋的高消耗，工业化、城镇化和农业集约化进程的同步推进，深刻影响着地球系统的变化，产生全球变暖、环境污染加剧、土地资源短缺、土地资源退化等一系列前所未有的重大而紧迫的全球与区域环境问题（王彬武，2015）。中国共产党第十八届中央委员会第五次全体会议强调，必须坚持创新、协调、绿色、开放、共享的五大发展理念。从提出生态文明建设，到将经济、社会和环境、政治、文化的维度融合，构成可持续发展模式，从某种程度上来说，中国是全球可持续发展理念和行动的坚定支持者和积极践行者。在过去的二十年里，中国的经济有很长一段时间以两位数的速率进行增长（Yao et al.，2005），经济的快速增长带来的是巨大的能源消耗与环境失衡（Martinot，2001）。国家生产建设工作的开展，能源的供应，可以满足人们日益增长的生活需求，同时也引发人们对生活环境提出更高的诉求（Wu，2003）。随着我国改革开放的深入推进，我国经济发展进入结构性调整阶段，产能结构也在发生着变革，土地利用和生态环境风险管理过程也面临着新的机遇和挑战。作为全面实现小康社会的关键时期，全会同时提出了新的“小康社会”概念，新增了产业升级、结构转型、扶贫脱贫等含义，同时继续强调保持经济增长、改善生态环境等目标。其中，坚持绿色发展，是要在推进美丽中国建设中，为全球生态安全做出新贡献。

工业聚集区来源于效率的提高与拓展，它与世界国民经济和社会发展的形势变化息息相关。经济全球化趋势导致社会分工越来越精细，政府的号召与企业为提高效率集聚发展，形成了工业聚集区原始动力，资源与环境的挑战为工业聚集区生态风险的暴露提供了动力学基础。在如何实现可持续发展问题上许多国家达成共识，工业聚集区应该负起更大的责任，要在保证工业聚集区生态系统完整性和社会发展的基础上实现经济目标（ICMM，2012）。生态资源的开发为社会经济发展提供强有力支持的同时也造成了日益严重的环境问题，如地下水断流、水土流失、植被退化、土地荒漠化等，严重制约了工业聚集区的可持续发展。由以往的研究可以看到，由于资金、技术等原因，我国工业聚集区的生态资源消耗，如煤炭金属矿等工业聚集区往往引致较高的区域生态风险（彭建等，2015），并被认为其成为当地的主要风险源，造成一系列的生态环境问题，威胁着区域生态环境的稳定与可持续性。然而，我国目前大多工业聚集区的生态环境修复工作仍处于“旧账未还、又欠新账”的状态，这些未修复的损毁生态系统，通过水土流失、风蚀沙化、下湿内涝、盐渍化、土壤污染等多种复合退化形式，严重影响着地区的生产安全和生态安全以及当地居民的生存安全。在全球生态环境问题的严峻形势以及我国经济发展与生态保护并存的制度下，对工业聚集区可能造成的生态风险进行管理，厘清工业聚集区生态风险的发生和传染机制及作用关系，辨识其时空演变特征并依据嵌入型视角下评价工业聚集区的生态损毁和修复过程中的生态风险，构建其生态风险交叉传染防控机制及阻断策略研究显得尤为重要。

一、经济全球化趋势

经济全球化是世界性经济发展的趋势，同时也是目前世界经济系统的主要特征之一。经济全球化最早是由特莱维于 1985 年提出的，它是指由于技术进步和社会生产力快速发展的作用，社会各方面经济活动已经超出了国界，开始在全球范围内展开的一种过程形式。其具体活动内容包括由生产、交换、分配、流通、消费等环节组成的社会实体经济活动以及由货币、商品等资本形态组成的虚拟经济活动。经济全球化的本质是将生产过程世界化以及经济关系国际化推进的一个

发展过程，也是资本全球化的一个客观发展趋势。其形成的条件是科学技术水平发展到一个较高的水平，各个生产主体之间相互依赖、相互渗透的关系不断增强，阻碍商品全球化流通的贸易壁垒不断削弱，全球化的经济运行制度逐步建立。经济全球化过程有利于合理配置全球的各种资源，有利于商品和资本等要素全球性自由流动，有利于技术在全球范围内扩散，有利于促进全球经济不发达地区综合实力的快速提升。其产生和发展是社会生产力提升的结果，是世界经济发展的整体趋势。

经济全球化的产生最早可以追溯到19世纪中叶，至今已有160多年的历史。尤其是工业革命之后，社会化劳动分工、现代工业体系的建立、交通运输技术的迅猛发展以及世界各国的贸易往来不断增加，这些情况加速了世界性市场的不断扩张。21世纪以来，经济全球化的进程进一步加快，在以信息技术为首的高新技术的刺激下目前已经发展成为涵盖投资、贸易、金融以及生产各个领域的经济系统全过程的世界化经济变革。经济全球化的主要表现有以下几个方面：第一，国际化的大分工模式已经由过去的工业聚集区的垂直分工转变为现在的水平分工方式；第二，世界贸易的快速增长促进了各国多边贸易体制的形成；第三，国际间的资本流动速率加快，世界性金融体系正在形成；第四，跨国公司的发展已经达到一个空前规模，对国际经济的影响力与日俱增；第五，国际经济纠纷增多，世界经济的协调机制的影响力越来越大。

国家范围内传统的社会分工在经济全球化的作用下正在演变成世界性的分工。产业内企业的生产经营也不再以一个或几个国家为基地，而是面向全球并分布于世界各地，产品生产和销售已实现较高的国际化。从国际产业分工的特点看：首先，这种国际分工从传统的以自然资源为基础的分工向以现代工艺技术为基础的分工发展；从单纯产品生产的分工向以生产要素为基础的分工发展；从产业各部门之间的分工向以产品专业化为基础的分工发展。其次，国际分工由市场自发力量决定的分工向由跨国公司生产经济的需要而决定的分工以及区域性经济组织规定的分工发展。最后，全球性的国际分工形成了全球生产网络，实现生产工序在全球范围的专业化分工协作生产，使世界各国都成为世界生产链条中的一环。跨国公司生产资本和技术密集型产品时，往往把其中的一部分劳动密集型加工和装配工序放在发展中国家的子公司去生产；发达国家则利用其技术优势来完成复杂的技术密集型的加工工序。

二、工业聚集区的发展

19世纪60年代以后，美国与欧洲国家的经济增长极发生改变，传统制造业的地位下降，信息产业主导了新经济的发展，服务型经济（生产性服务业，Producer Services）有取代传统工业经济的趋势。伴随着工业替代人类生产以及科技飞速发展，不同行业的相关性错综复杂，并有聚集的趋势。这类与制造业关系密切的行业通常称为生产性服务业，亦称产业，即介于制造业与服务业之间的产业。生产性服务业也是枝繁叶茂，涉及金融、贸易、研发、设计、中介、广告、物流等众多行业。其中，研发、设计、物流等部门与制造业关系十分密切，常与制造业在空间上集聚布局，其他生产性服务业也有可能参与工业区的集聚布局，并形成由制造业与相关行业组成的工业综合体。

工业聚集区是产业聚集区的主要形式，是以若干工业行业为主体，行业之间关联配套，上下游之间有机链接，产业结构合理，充分吸纳就业，聚集效应明显，产业和城市融合发展的经济功能区。合理调整产业空间布局，实现企业向园区集中，优化生产力要素配置和发展环境，既是加快推进新型工业化进程的重要举措，也是国内外产业发展的重要导向。

对改革开放后出现的新产业空间现象的研究是从国外科技园区、自由贸易区等的介绍开始的。在此基础上，众多学科（城市规划、区域规划、城市地理学、经济地理学等）的学者都开展了对新产业区空间的研究。城市规划与城市地理学对新产业空间的探讨和研究是以产业郊区化和城市边缘区为研究切入点，并研究分析产业空间与城市空间的互动关系。一方面，由于现代交通网络的日趋完善，为企业进行区位选择增加了自由度，也加快了城市地区产业重组的力度，制造业大量外迁到郊区，郊区工业园区兴起（徐和平，1999）；另一方面，高新技术产业在 20 世纪 90 年代以后飞速发展，它们要依托城市智力资源的支持和良好的人文环境和娱乐环境，城市郊区成为高新技术公司的必然选择（段钢，1999）。庞效民（1992）指出，20 世纪六七十年代，有关高新技术产业的区位选择、空间模式等成为工业地理学研究的重点，同时工业地理研究转向对工业空间的组织结构和组织形式方面发展。我国城市地理学者在 20 世纪 90 年代初对城市边缘区的研究，从侧面反映了工业空间的郊区化趋势，崔功豪（1990）通过对中国城市边缘区的研究，指出城市边缘区独特的区位与便利的交通，使其成为吸收城市先进技术的门户和获得发展外向型经济的条件，导致中国城市外向型经济开发区基本分布在城市的边缘区；王缉慈从 20 世纪 90 年代初期就开始以中关村作为研究对象，对中关村现象进行了系列研究，并由此参与了国际学术界关于新产业区理论的学术争鸣与讨论（Wang 等，1998）；陈钺等（1989）研究了我国经济技术开发区的类型与结构、产业发展、土地效益、出口加工区的发展，并进行开发区的中外比较研究；鄢祖林（1989）介绍了国外著名的高技术计划以及新技术开发区，并总结出三种主要的高技术区的模式；姚士谋等（1994）以福建沿海地区为例，研究了外向型经济和开发区的发展，分析了开发区的作用以及存在的问题；

郑静等（1999）研究了城市开发区的历史背景和生命周期，指出第二次世界大战以后新的国际劳动分工是发展中国家获得国际资本和推动本国工业发展的有效途径。目前，对于各种开发区的再发展及其与城市空间的整合研究成为一个新的热点。由于我国的工业聚集区基本是在规划引导下形成的，因此从城市规划视野探讨新产业空间的用地结构、空间结构、区位特征等是国内研究的一大特色。周干峙（1985）探讨了沿海经济技术开发区的效益问题，指出应该用经营的思想去建设和规划开发区；熊业强等（1986）提出了开发区规划的原则、选址要求以及开发区与中心城区的关系，总结了三种不同的开发区类型以及其结构特点，并提出了开发区内部各项用地比例的建议等；赵燕菁（1987）探讨了经济技术开发区的规模、选址与功能问题，并提出用公众参与的办法减少开发区建设的决策失误；谈维颖等（1988）对经济技术开发区的分类以及与中心城区的关系等进行了研究；董鉴泓（1991）参与开发区空间规划的研究与实践；戴仁健（1994）研究了公路建设对沿线开发区的影响，提出了两者之间的协同关系；梁运斌等（1993）对20世纪90年代我国现有的城市开发区的类型进行了归纳，并从宏观、中观和微观三个层次分析了开发区的布局与发展；魏心镇等（1991）、芦永梅（1993）研究了高新产业技术开发区的区位选择以及与城市边缘区的互动关系等；徐巨洲（1994）指出，开发区是在我国城市的重要部位出现的产业群，具有开放性、产业性、周期性的特征，还研究了开发区依托城市的区位与规模等问题；张荣等（1997）研究了城市开发区群体的合理布局与协调管理问题；顾朝林等（2000）通过研究，将城市工业区分为四种类型即中心集中型、离心集中型、散布型、周围集中型。

三、资源环境的挑战

经济的快速发展必然引起对自然资源，特别是对能源的巨大需求。美国能源部发表的2004年度《国际能源展望》报告指出，到2025年全球能源消费将迅速增长，特别是发展中国家的能源需求将随着经济快速增长而迅猛增加。报告预测，到2025年全球能源消费量将比2001年增长54%。其中，工业国家的能源消费将以平均每年1.2%的速度增长，包括中国和印度在内的亚洲发展中国家的能源需求将比目前增加1倍，分别占全球能源需求增长量和发展中国家增长量的40%和70%。

近几年我国能源消费增长迅猛。据中国石油天然气公司研究报告预测，2015年和2020年中国石油需求将增长到3.5亿吨和4.0亿吨。在未来一段时间内，中国经济将继续保持较快增长，城市化进程也将加快，中国能源消费的继续增长将不可避免。如果按现有的发展路径，到2050年中国达到中等发达国家水平时，人均能源消费3.5吨标准油当量，届时中国的能源总消费量将达到52.5亿吨标准油当量，相当于目前世界能源消费总量的60%。与消费量快速增长相比，我国能源利用效率仍然很低。目前，我国能源利用效率只有32%，比国际先进水平低10%。据统计，中国制造的人均劳动生产率远远落后于发达国家，仅相当于美国的1/5。中国单位GDP能耗比世界平均水平高2.2倍，中国以5%的GDP消耗了世界34%的钢铁、近50%的水泥、31%的煤炭、25%的氧化铝、13%的电力和7.4%的石油。

随着人类改造自然的能力和水平不断增强，逐步形成了以资源的高投入、高消耗为手段，以发展的高速度为目标的生产生活方式。工业文明带来的巨量人口和巨大的生产力进步，改变了自然界合理的循环速度，打破了自然界的均衡与稳定，从而导致了环境资源危机的产生，主要表现如下：首先，不合理的破坏性开采自然资源导致了资源的枯竭。自然资源是人类赖以生存和发展的基础，而地球上的资源是有限的。即使是可再生资源，它的再生过程也需要一个周期，对它的采用一旦超过了极限，恢复过程是不可逆转的。其次，大量未经处理的废弃物肆意排放导致了环境污染。大规模生产不仅带来了人们需要的各种商品，同时在生产过程中不可避免地产生了大量废弃物，一旦超出了环境的承载力，就会导致整个生态环境的生态失衡。

第二节　研究意义与研究逻辑

一、研究意义

工业聚集区生态灾害的产生主要源于生态风险的可传导性，而在工业聚集区内企业间交互行为的常态化和复杂性使生态风险传染机制进一步积累、放大乃至突变。生态威胁使工业聚集区产生阻断生态风险蔓延以及缓解生态风险冲击的需求，而基于时空演化的工业聚集区生态风险交叉传染机制的研究正是解决这一问题的关键。

工业聚集区存在的基础来源于企业必须与它们所处的环境进行交换以获取资源，而获取资源的需要在企业与外部个体之间创造了依赖性（Scott，1987）。但是，这种依赖性在为企业获取竞争优势的同时，也成为企业主体间生态风险传染的媒介，给整个工业聚集区带来破坏性生态影响。目前，由于企业自身的限制，很少关注由生态风险的传染性带来的群体性生态危机。究其原因，主要在于无法实现对生态风险传染过程的动态测量和控制。现在有关生态风险传染研究大部分还停留在对特定风险传染过程的定性描述层面，缺乏对风险传染时空动态演化过程的精确化、定量化的模型分析，使后续的控制和阻断策略的制定失去了意义和价值。由此可见，针对工业聚集区生态风险传染的异质性，建立基于时空演化的生态风险传染阻断策略是满足企业中断外部生态风险干扰的关键。

工业聚集区不仅具有经济属性，还具有社会属性。如果仅通过契约治理方式进行生态风险传染控制，会出现由于企业“自利行为”而导致“制度失灵”问题，而以“嵌入性”关系为研究对象的信任机制在处理由企业间合作关系所产生的风险中发挥重要作用。因此，从信任治理的角度研究工业聚集区生态风险传染控制成为解决这一供需矛盾的关键，在工业聚集区中，正式的契约是控制合作伙伴的重要手段。通过契约，组织成员能够详细地规定合作各方的责任和义务，同时也给予合作伙伴在对方实施投机行为时保护自身利益的权力（Dyer，1997）[①]。然而，对于工业聚集区主体合作来说，其不但具有经济属性，同样具有明确的社会交易维度，合作中也可能产生和发展各方之间的信任（Granovetter，1985）[②]。相比而言，正式控制强调利用规则、目标、程序和规章制度来说明期望的行为，以此来保证目标的实现；社会控制强调“嵌入性”协调的重要性，即利用组织价值、惯例和信任来鼓励预期的行为。目前，在风险控制研究中往往强调正式的契约控制，忽视了信任治理在生态风险传染控制中的作用。工业聚集区的主体相互交互作用关系复杂，其生态风险传染过程更加复杂。正式的契约控制会因为企业规避风险的自利行为而出现制度供给不足的情况，而社会控制则可以通过企业彼此间的信任开展非正式的救助活动，从而达成生态风险传染阻断的目标。因此，从信任治理的视角开展工业聚集区生态风险传染控制的研究成为必然。

二、研究逻辑

研究逻辑如图 1－1 所示。

---

① Dyer J.. Effective interfere collaboration: How firms minimize transaction costs and maximize transaction value [J]. Strategic Management Journal, 1997 (18): 535－556.

② Granovetter M.. Economic action and social structure: The problem of embeddedness [J]. American Journal of Sociology, 1985 (91): 481－510.

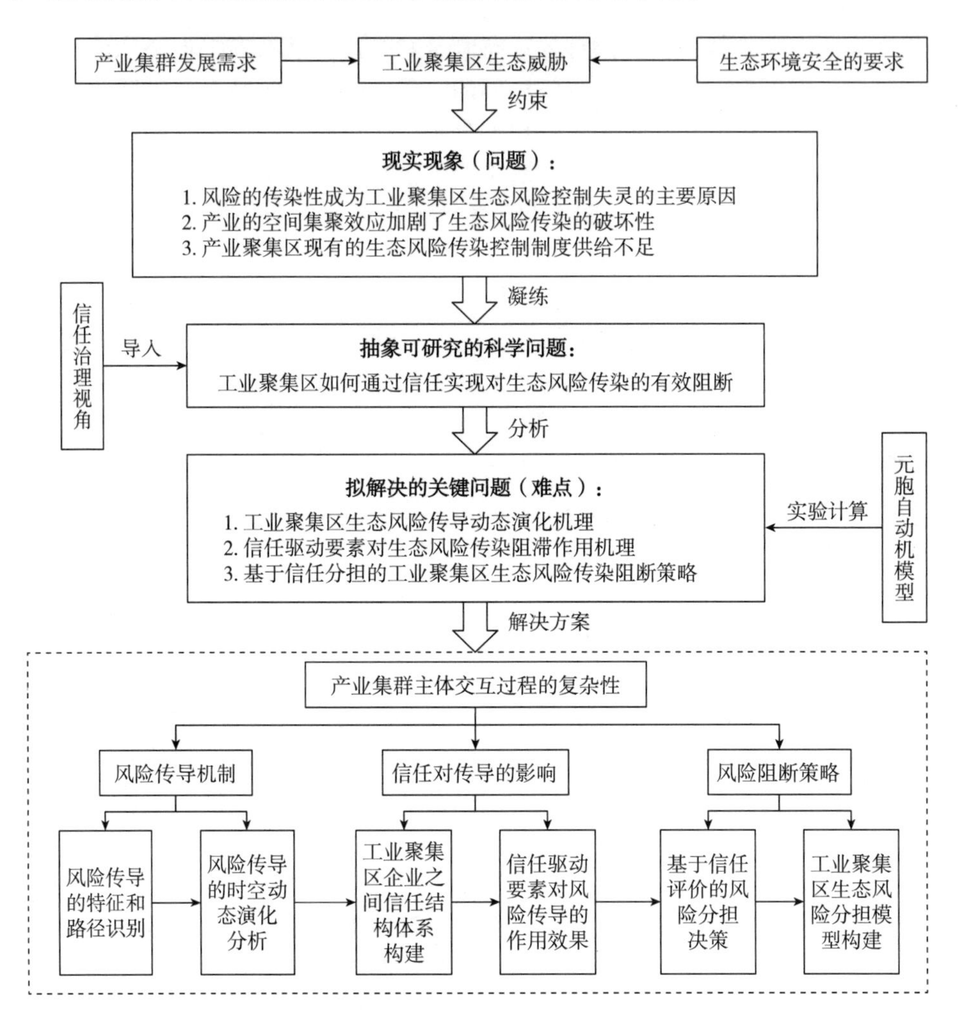

图1-1　研究逻辑

第三节　研究方法

一、工业聚集区生态风险传染过程仿真的研究方法

针对研究工业聚集区生态风险传染过程仿真的内容，拟采用元胞自动机模型对工业聚集区生态风险传染过程进行仿真研究。元胞自动机是一种时间和空

间都离散的动力模型，最初被用于模拟生命系统特有的自复制现象，由于其演化可以表现出极其复杂的形态，所以经常用于复杂系统的建模与模拟。鉴于现实世界中工业聚集区生态风险传染过程的复杂性和不可测量性，所以建立元胞自动机模型模拟现实的生态风险传染过程，通过参数变量的调节，找寻工业聚集区生态风险传染过程的关键影响因素和控制策略，是一种比较适合的研究路径。

二、工业聚集区企业间信任关系演化的研究方法

针对研究内容工业聚集区企业间信任关系演化部分，拟采用概率论中的状态转移方程，用一个非线性系统动态表示工业聚集区企业间信任结构和信任水平的动态演化。状态转移方程是动态规划算法的核心，它可以通过状态的流入与流出来描绘企业间相互影响的过程，并且可以利用仿真描述出这种相互影响最终达到的稳态。这种方法对研究信任关系演化问题有一定的适用性。

三、信任对集群生态风险传染阻滞的驱动要素的研究方法

针对研究内容信任对集群生态风险传染阻滞的驱动要素部分，拟采用结构方程模型（SEM）验证信任驱动要素对工业聚集区生态风险传染的阻滞影响关系。结构方程模型（SEM）是研究社会、自然现象因果关系的一种通用线性统计建模方法，其整合了生物学中开发的路径分析、计量学中的多项联立方程以及验证性因素分析，能处理多个原因、多个结果之间的关系。方法比较成熟，应用广泛，适合于影响机理方面的研究。

四、生态风险传染阻断的风险分担问题的研究方法

针对研究内容生态风险传染阻断的风险分担问题，拟采用风险分配矩阵与模糊逻辑整合的方法解决生态风险传染控制的风险分担问题。由于网络中相关主体对于风险分担的认可程度的不同，所以要综合考虑各主体的承受状况选定分配方法。风险分配矩阵是一种定性的、静态的风险分配方法，操作简单，比较适用于认同度比较高的风险分配。模糊逻辑是一种定量的、动态的风险分配方法，操作有一定难度，但是其灵敏度高，适合一些争议性较强的风险分配过程。综合应用两种方法，可以细分方法应用对象，简化风险分担过程分析。

第四节　研究内容

工业聚集区中各主体交互行为的复杂化使生态风险的传染性得到增强。与此同时，经济契约理论的“自利行为”使生态风险传染有效控制的目标无法实现。Zaltman 和 Moorman（1988）提出，信任是人与人之间或者组织之间能够彼此预测对方的行为，能够依赖对方，并且相信对方会按所响应的方式行动而不顾未来的不确定性。因此，本书从嵌入性视角入手，以工业聚集区为研究对象，挖掘工业聚集区生态风险传染和组织信任的过程演化规律，验证信任对工业聚集区生态风险传染的影响，企图应用基于信任分担的风险阻断策略解决工业聚集区生态风险传染问题。

一、工业聚集区生态风险交叉传染的演化过程分析

从空间角度上分析，生态风险传染是企业空间距离函数，在空间上聚集的企业都会获得这种群体性公共风险，其驱动力来源于工业聚集区中各企业之间复杂的相互依赖关系和交互作用。由于生态风险传染是工业聚集区成员个体之间局部交互的过程，其复杂性适合于采用元胞自动机（Cellular Automata，CA）。可以通过建立 CA 模型对工业聚集区生态风险传染时间和空间过程进行模拟，如图 1－2 所示。

1. 工业聚集区生态风险传染的特征与路径识别

通过对工业聚集区企业间交互行为的异质性分析，辨识网络生态风险传染的条件、载体、路径等传导要素，归纳出工业聚集区生态风险传染的方式和路径。

2. 工业聚集区生态风险传染的影响要素分析

通过对生态风险传染瞬时速度的变化规律研究，分析导致工业聚集区生态风险传染瞬时速度变化的影响因素。同时，研究突发生态事件在网络中发生的位置对于生态风险传染结果的影响，并对其作用效能进行判定。

二、工业聚集区生态风险传染中信任的发展轨迹分析

信任是企业经济行为对社会网络嵌入关系的本质特征，会对工业聚集区的生态风险活动产生影响。在集群的生态风险传染过程中，信任水平和信任结构会随着时间的推移不断地发生变化，而在生态风险传染的各个阶段，信任对风险的影响效果也会有所不同，如图 1－3 所示。

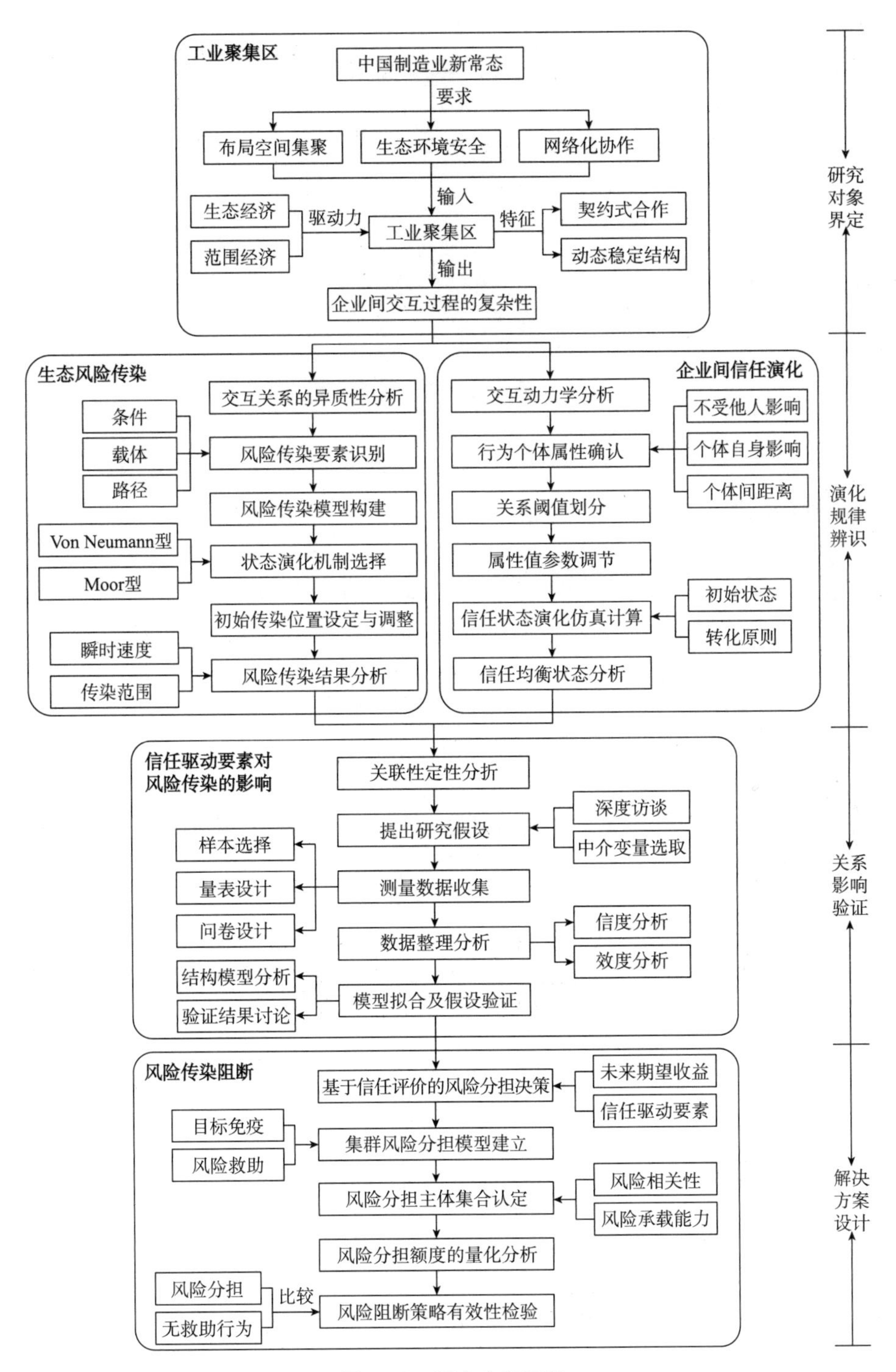
工业聚集区
中国制造业新常态
要求
布局空间集聚
生态环境安全
网络化协作
输入
生态经济
范围经济
驱动力
工业聚集区
特征
契约式合作
动态稳定结构
输出
企业间交互过程的复杂性
生态风险传染
交互关系的异质性分析
条件
载体
路径
风险传染要素识别
风险传染模型构建
Von Neumann型
Moor型
状态演化机制选择
初始传染位置设定与调整
瞬时速度
传染范围
风险传染结果分析
企业间信任演化
交互动力学分析
不受他人影响
个体自身影响
个体间距离
行为个体属性确认
关系阈值划分
属性值参数调节
初始状态
转化原则
信任状态演化仿真计算
信任均衡状态分析
信任驱动要素对
风险传染的影响
关联性定性分析
深度访谈
中介变量选取
提出研究假设
样本选择
量表设计
问卷设计
测量数据收集
信度分析
效度分析
数据整理分析
结构模型分析
验证结果讨论
模型拟合及假设验证
风险传染阻断
基于信任评价的风险分担决策
未来期望收益
信任驱动要素
目标免疫
风险救助
集群风险分担模型建立
风险相关性
风险承载能力
风险分担主体集合认定
风险分担额度的量化分析
风险分担
无救助行为
比较
风险阻断策略有效性检验
研究
对象
界定
演化
规律
辨识
关系
影响
验证
解决
方案
设计

图1-2 研究内容逻辑

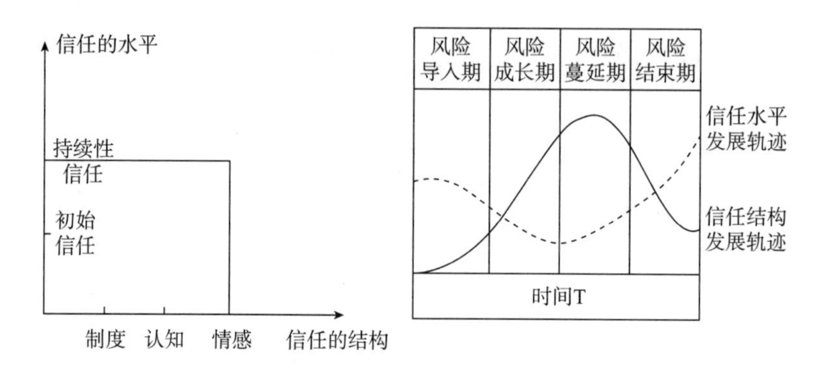

图1-3 信任的框架体系及发展轨迹

1. 工业聚集区信任结构体系的构建

信任结构体系的确定来源于对研究内容和研究假设的确定，本书借鉴 Wei Kei Wong 等（2008）① 的信任结构，并通过大量的专家访谈和实践调研，建立以制度维、认知维和情感维为基础的工业聚集区企业间信任结构体系。

2. 信任水平与信任结构动态数据的计算

提取工业聚集区的社会网络节点、关系角色及影响力等关键属性，对基于社会网络所缔结的以信任、非正式契约为特征的关系网络进行交互动力学仿真分析，研究主体属性参数的变化对信任水平和信任结构阈值的影响；建立状态转移方程模型，对工业聚集区中的信任动态演化特性进行分析；利用计算机仿真方法研究在工业聚集区中企业之间初始信任状态给定时，应用一定的信任状态转移方程下，企业之间经过多次交互后的信任状态演化过程。同时，找寻在工业聚集区发展的不同阶段所对应的信任水平和信任结构的均衡状态。

3. 信任水平与信任结构的发展轨迹的对比分析

根据时间序列特征，应用 CA 模型进行数据建模，输出研究对象的信任水平和信任结构的变化轨迹图形。通过实地调研与专家论证优化，确定信任对生态风险传染结果的影响。

三、信任驱动要素对生态风险传染的影响分析

信任水平和信任结构对工业聚集区生态风险传染的影响源于信任驱动要素。基于上述部分信任水平和信任结构对生态风险传染的分析，进一步提出信任驱动要素对生态风险传染阻滞影响的研究假设。通过对国内典型工业聚集区的调研，

① Wei Ker Wong, et al. A framework for trust in contract contracting [J]. International Journal of Project Management, 2008, 26 (8): 821-829.

采集相关的样本数据，应用结构方程模型（SEM）对研究假设进行验证。

1. 工业聚集区生态风险传染过程中的信任驱动要素识别

本书采用半结构访谈法，从制度维、认知维、情感维三个方面对集群生态风险传染过程中的信任驱动要素（相关组织统计学特征变量）进行识别，应用凯利网格技术进行深度访谈，利用内容分析技术归类构念，提取关键中介变量，通过多重案例研究建立信任驱动指标的初始集（如财务状况、声誉、能力、经验等）。通过指标修正，最终得到能够实现生态风险传染阻滞的信任驱动要素。

2. 信任驱动要素阻滞影响研究假设的提出

以信任的驱动要素以及生态风险传染阻滞效果为潜在变量，构建理论概念模型并绘制路径图，如图1－4所示。采用元分析方法对目前关于信任与生态风险传染状态的文献进行定量化分析，找出与生态风险传染显著相关的信任驱动要素的表征指标，并验证指标组合的合理性，以编制出信任驱动要素的综合测量量表。

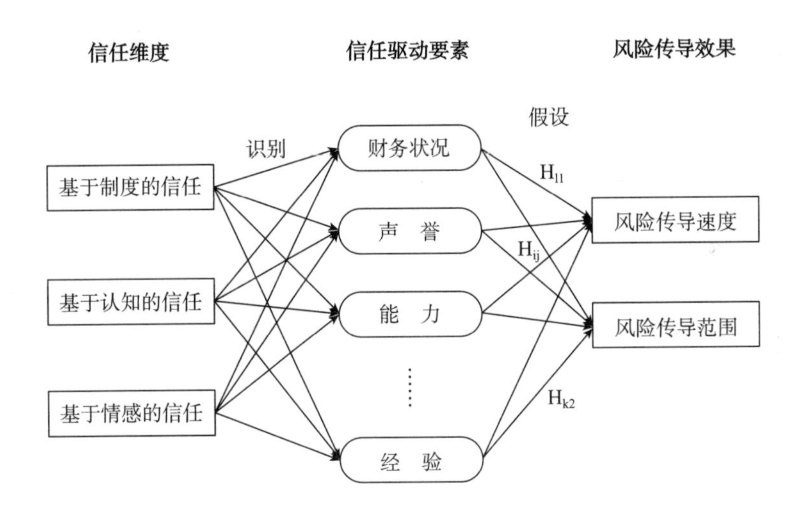

图1－4　信任驱动要素的生态风险阻滞影响示意图

四、基于信任分担的工业聚集区生态风险传染阻断策略研究

由于风险损失相关性的存在，当信任水平高于某一特定阈值的时候，工业聚集区的主体会对风险企业进行救助，以避免生态风险传染对自身的影响，同时期望能够获得未来收益。根据风险救助和目标免疫的要求，通过对信任水平的评价，生成基于信任分担的工业聚集区生态风险传染阻断策略，来实现工业聚集区生态风险传染的控制。具体包括以下几方面内容：

1. 基于信任评价的工业聚集区风险分担决策

应用上述信任驱动要素以及信任发展轨迹的研究，建立工业聚集区信任水平的综合评价模型。评价结果将与未来期望收益决定工业聚集区是否实施风险分担的传导阻断策略。

2. 工业聚集区生态风险分担过程模型构建

应用可拓识别方法，通过主体间信任度和风险承载力分析从工业聚集区成员中识别出可以承担风险分担的主体集合。将风险分配矩阵和模糊逻辑两种方法进行整合，构建工业聚集区生态风险分担模型，该模型可以有效地输出风险冲击在不同承担主体之间量的分布。

3. 制订基于信任机制的工业聚集区生态风险分担方案

建立信任水平与风险分担的关联关系，用风险分配矩阵表述风险分担结果，即得到工业聚集区生态风险分担方案。运用标杆分析和专家打分法等工具讨论基于信任的生态风险分担方案的传导阻断效果。

第二章　文献综述

第一节　工业聚集区风险传导机制的相关研究

对于风险及其控制问题的研究可追溯至1921年由Knight著的《风险、不确定性与利润》一书。此后，国内外学者对于风险的内涵和风险控制等方面进行了深入的研究，尤其是近些年来，关于不同企业之间风险传导的问题越来越受到学界的重视。然而，目前风险传导在金融领域的研究还主要局限在宏观经济和货币政策的范围内，而有关金融机构层面的风险传导问题尚未受到太多关注。国外学者对于风险传导的研究主要从以下几方面展开：①货币政策传导研究，特别是从货币政策传导的渠道和效率两方面来研究传导的机理和路径。②国家间的金融市场传导研究，如Kaminsky和Reinhart（1999）从信贷的角度研究风险在国与国之间的传导。③知识传导研究，Nonaka（1994）提出了经典的知识创造螺旋模型，即把组织知识的创造看作知识从最初的利用到不断收集组织再到不断扩散的动态转移过程。Trott等（1995）从意识、关联、消化和应用四个方面建立模型来说明技术传导过程。O'Dell和Grayson（1998）将知识传导的结构描述为时间传导模式下对价值进行定位、存在促进因子和变革的传导流程三个主要部分。国内学者对于风险传导也进行了探索和研究。叶建木等（2005）对企业间风险传导的客观性、特征和影响以及原因进行了分析和阐述。沈俊（2006）认为，企业风险传导路径可分为企业内部部门之间的传导、企业与其他外部企业之间的传导、外部企业之间的传导三个层面，在一定条件下，企业风险将借助载体并依赖一定路径在系统利益链之间进行扩散。石友蓉（2006）对风险传导运动的基本规律，包括基本要素、物理量、传导过程，以及风险的释放原理等在内进行了详细阐述，根据风险能量理论建立相关模型，通过计算企业风险能量的级别和大小来分析和判断某公司的风险程度。由于风险传导大多还停留在理论构建和机理分析阶段，因此现阶段较少有学者对其进行实证研究。王瑞琦和郑冉（2010）选定中国银行和中国工商银行的股作为研究对象，利用扩展区间事件分析理论框架，将区间时间序列分析与事件分析法结合，依据区间收益率数据分析 2008 年的金融危机对我国商业银行产生的影响。顾海峰（2013）从信贷配给与风险分担的理论逻辑角度，剖析了银保协作的内生机理，从系统视域出发构建了商业银行信用风险的传导模型，揭示了银保协作下商业银行信用风险的传导机制，并设计了银保协作下商业银行信用风险管控机制的科学架构。蔡则祥等（2014）基于金融市场波动有偏、尖峰、厚尾的特征，利用有偏 t 分布的 APARCH 模型和 Granger 因果关系检验，对我国债券市场、股票市场、外汇市场和货币市场之间的风险传导问题进行考察并提出相应政策建议。

在工业聚集区中，风险传导是一个过程性研究对象，为了更清楚地认识风险传导的本质，目前大量研究从风险传导要素和模型度量两个方面展开，主要包括以下内容。

一、风险传导要素的识别

生态风险传导要素的辨识可以通过风险分析调查、财务报表分析、图式分析等方式来进行。风险分析调查表分析，即通过对企业营销可能遭遇的风险进行调查，编制出各种调查表供企业进行风险决策。财务报表分析，即通过企业的资产负债表、损益表、现金流量表等财务报表的分析，揭示出企业可能存在的财务风险和营销风险因素图式分析，即通过标绘企业营销业务流程图来进行分析确定存在的风险，关键是要从营销业务的每一环节中找出可能带来的营销风险因素。生态风险传导要素本身具有隐藏性、复杂性和多变性，而且能否感知风险、进一步分析风险还会受到企业风险管理者风险意识强弱的直接影响。虽说风险识别是风险传导研究中最基础的程序，但却是一项非常复杂、非常艰难的工作。Giesecke 等（2006）对产业风险传导渠道和路径进行了研究；程国平（2009）、Pesaran 等（2007）对产业风险传导模式进行了研究。然而，由于风险传导过程的特殊性，其要素构成及其作用方式也有所不同，研究尚不能归纳出具有普适意义的风险传导要素结构。有关风险传导的影响要素的研究目前还比较少，主要从风险传导的动力学角度开展，例如，Hoffman（2006）提出的知识缺乏和变异影响要素，王淑英（2011）提出的风险意识和管理水平影响要素，Kaminsky（2000）提出的环境影响要素等。由此可见，由于风险传导过程的不确定性，风险传导由哪些要素构成以及会受哪些要素影响需要进一步分析和验证。

借鉴以上研究，本书将生态风险传导要素分为以下三类：

第一，外部环境风险源。包括国家法律制度的调整、自然环境的变化、消费者的需求变化、竞争对手采取了新的营销战略等。

第二，企业内部出现的决策问题。如环保管理制度的不完善、生产流程的不合理、专业水平不高、管理者环保认知水平不高、相关人员的败德行为等都可能导致生态风险的产生。

第三，企业生产经营的其他环节出现了问题。例如，企业的生产部门、采购部门、质量部门、研发部门、财务部门等出现了问题，都会给企业的营销带来风险。2008 年 9 月，全国好多地方出现了婴幼儿肾结石的怪病，经查病因大多是由于这些婴幼儿食用了存在严重质量问题的“三鹿”牌奶粉，经国家有关部门的干预，三鹿集团承认存在严重质量管理问题，并召回约万袋婴儿奶粉，经媒体的宣传报道“三鹿”品牌陷入了信任危机，在全国的销售几乎停顿，“三鹿”营销部门的工作陷入了绝境，最终三鹿集团被法院宣布破产，并被三元股份有限公司以 6.1650 亿元的价格收购，一个年销售额逾百亿的大型企业就这样毁了。这就是典型的质量部门、生产部门的风险传导给企业的营销部门，企业的质量部门、生产部门就是营销风险的风险传导要素。

二、生态风险传导过程的度量模型

在风险传导过程度量分析方面，目前的研究主要采用基于约化模型和基于结构化模型两种。基于约化模型是主要在一定约束条件下对风险传导过程的建模、使用情况有一定的约束条件，如夏喆（2010）的朗之万方程模型、熊正德（2010）的关联规则挖掘模型、周伟（2012）的多元随机风险传导模型、Enyinda（2009）的分析层次过程模型。基于结构化模型则在产业结构决定风险传导过程的假设前提下进行建模分析，如程国平（2009）产品基因杂交模型、袁裕辉（2012）的多层供需工业聚集区结构模型、陈彦锟（2010）的 JY 信用违约风险传导模型、陈建新（2012）集合种群模型、王建秀（2015）耦合效应模型。目前，也有研究从评估角度进行度量，如杨潮兴（2011）用概率影响图对 R&D 项目风险传导进行评估。但是，上述的研究过程都忽视了风险传导动态演化的网络复杂性，无法进行更具说服力的定量论证，这也是进行后续研究的关键问题。

通过文献研究表明：①产业风险传导要素识别的文献较多，但是目前有关风险传导要素的研究以定性描述居多，缺乏对风险传导要素的实证分析和支持。②产业风险传导的度量研究主要侧重于简化模型和结构模型分析，缺乏风险传导的网络节点之间的耦联性和网络拓扑性的动态演化特征度量。由此可见，需要引入一种契合传导风险复制特性的复杂网络方法来解决这些问题。

三、生态风险传导载体的分类

邓明然教授和夏品博士根据风险载体所具有的特殊属性，对企业风险传导的载体作出分类：一种分类方法是按照载体的存在形态来分，可以把企业风险载体分为显性载体和隐性载体两大类。另一种分类方法是按照风险源层次的不同，可把企业风险传导的载体分为微观载体和宏观载体两大类。其中，微观载体主要是针对承载企业内部风险的载体，而宏观载体则主要是指那些能够将环境风险、政策风险、行业风险等企业外部风险承载并传递给企业，从而给企业的生产经营带来极大不确定性的载体。

为了便于研究，本书按照载体的性质把工业聚集区内的生态风险传导载体分为以下几种：

1. 资金载体

企业从设立、运行、一直到不断扩大再生产都需要一定的资金，或者说直接的货币资本投入，资本的增值要通过资本本身的运动才能实现。我们先看一下资本运动的过程，一般情况下，资金的运动过程按照如下流程进行取得原始资本G（筹资环节），企业需要和资金供给者发生必要联系；从G－W的过程就是由货币资本转化为各种能带来收益的实物资本的过程（营运资金运动环节），该环节也包括W－P－W'；投入的生产资料经由生产变成可销售产品（产品资本）；W'－G'，表示销售商品取得货币资本的过程，此过程能反映经过一个资金循环后，企业获得利润并形成企业内部积累或向投资者分配利润的过程。

在经销商货款的运行过程中隐藏着好几个风险点，例如，企业和经销商打交道的过程中，有时候会给经销商设定一定的信用额度，尤其是销售旺季经销商备货资金吃紧的时候，厂家为了避免由于经销商资金不足导致市场断货的风险，往往会把这些信用额度提升，这种“先货后款”的模式往往会给企业带来资金风险。资金从经销商向业务人员转移的过程中，随着科技的发展、管理的完善，好多企业的营销系统中这个环节已经取消了，因此也存在业务人员的败德、资金意外丢失等风险点；在营销部门、财务部门对货款的管理过程中也存在管理风险以及营销管理人员的败德等风险。

在企业促销资金的运行过程中，也隐藏着好几个风险点，例如，营销部门对资金的管理风险、业务人员的败德行为以及广告媒体、经销商、商场等单位做销售促销时克扣促销资源、虚报促销规模等都是很常见的促销资金运行风险点。

2. 产品载体

由于企业的产品是消费者能够直接接触到的东西，企业产品能否满足消费者的需求是影响企业营销效果的一个很重要的因素，企业产品和资金一样，是隐藏

和携带营销风险因子的最常见的一种风险载体。企业产品的品名、外观、技术特点、功能、使用的方便性，几乎都存在携带营销风险的可能性。

3. 信息载体

关于信息，美国著名科学家、控制论的创始人维纳认为，“信息就是我们对外界进行调节并使我们的调节为外界所了解时而与外界交换来的东西。接收信息和使用信息的过程，就是我们对外界环境中的种种偶然性进行调节并在该环境中有效地生活着的过程。”美国经济学家阿克尔洛夫、斯蒂格利茨认为，经济社会中存在大量非对称信息，例如，产品销售市场中买方和卖方之间的信息不对称，资本市场中资金供给者和资金需求者之间的信息不对称，公司治理结构中所有者和经营者之间的信息不对称等。在企业的市场营销过程中，以信息为载体携带的营销风险有很多种，最常见的有品牌宣传信息、价格信息、促销信息、产品使用说明信息等。在企业的品牌宣传方面，如果企业采取了错误的策略，就会造成消费者对品牌认知的偏差，消费者就不会购买该品牌，从而造成营销风险存在于产品的价格信息方面；如果企业的价格信息向消费者传达的过程中过于透明，则会造成分销渠道中间环节的利润微薄，没有经销积极性，甚至抵制销售，从而造成营销风险。例如，20 世纪 90 年代末长虹电器与其分销商国美电器由于产品定价等方面的分歧，最终引发了“厂商大战”，最后给厂商双方都造成了很大的营销风险；如果企业的价格信息向消费者传达得不够透明，则经销商往往会抬高价格、牟取暴利，但这往往会影响销量，造成销量下降，从而给企业带来营销风险。在促销信息方面，随着信息时代的到来，几乎没有消费者在购买商品的时候不受广告、促销信息的影响，这就需要厂商积极向消费者传达广告、促销信息，如果传达不够准确、投入过大或投入过小，都会对企业的营销效果造成影响，产生营销风险。至于产品的使用信息给企业营销带来风险，主要是指企业提供给消费者的使用方法、注意事项等信息不够准确和充分，导致消费者使用不当，造成事故，最后影响产品的营销。随着人民生活水平的提高，城市中大部分家庭都安装了热水器，尤其是燃气热水器的安装、使用存在很大的危险性，2010 年山东潍坊发生了一起燃气热水器安装不当导致的爆炸事件，造成了半栋楼倒塌，好几个人伤亡，事后调查事故原因发现，某品牌燃气热水器在使用说明书中，没有明确指出排气管要通过墙壁把废气排向屋外的条文，导致安装工在安装排气管的时候没有把排气口通向墙外，引起爆炸，在媒体的宣传下，该品牌热水器彻底退出了潍坊市场，给该企业造成了很大的损失。

4. 企业管理人员载体

营销人员是企业进行营销活动、处理营销关系的具体行为者和决策者，其自身素质决定了企业营销风险的产生以及营销风险的传导。首先，从业务素质分析。企业营销活动既是企业系统的一个特殊子系统，构成企业管理的重要内容，同时也是由多个要素构成的独立运行的系统。企业营销人员除了解国家宏观环境、政治法律政策的情况外，更要了解企业营销关系，如供应商、分销商、消费者等的情况，这样才能进行正确的营销决策，实现预期的营销目标。若营销人员不具备一定的业务素质，就不可能清楚地了解政策，难以对营销关系人的情况进行全面掌握，很容易判断错误，最终导致营销风险的产生。其次，从职业道德分析。道德是一种社会现象，属于社会的上层建筑。职业道德，就是同人们的职业活动紧密联系的符合职业特点要求的道德准则、道德情操与道德品质的总和。每个营销从业人员都应该在一定的职业道德下进行社会活动，其行动必须顾及别人或自己所属群体的利益，否则就会引起纠纷或冲突，引发道德风险。“营销道德风险”主要是指企业营销人员由于受利益的驱动，与道德相背离而产生营销风险，并且将营销风险传导至受险单位。能够引起生态风险的有关企业管理人员的其他因素包括管理人员的生态认知、人生观、世界观、价值观、管理人员的知识水平、生活阅历等因素。

四、生态风险传导路径的研究

企业作为一个独立、开放的经济系统，在日常的生产经营活动中，不可避免地会与周围的环境产生各种各样的联系，企业在与别的利益主体打交道的过程中，彼此之间有业务往来、利益交换，在这个过程中，企业会受到外界的影响，也会把自己的影响施加给外界，其中必然存在风险的传导，而风险的传导不是凭空进行的，在传导的过程中，要经过一定的途径，这些途径就称为风险传导的路径。本书认为，营销风险传导路径就是营销风险因子从营销风险源出发，在营销风险载体的携带下，沿着特定的渠道和途径向风险接受体移动，风险因子所经过的渠道和途径就是营销风险传导路径。

关于风险传导路径的分类，沈俊认为，按照系统论观点，企业是一个存在于整个经济系统的大系统，本身又由各个职能部门组成，每个职能部门可视为相对独立的子系统。系统间存在直接或间接的经济利益关系，形成一个利益链，在一定条件下，企业风险借助载体并依赖一定路径在系统利益链之间传导。根据企业风险传导的内容，本书只对风险传导的路径进行探讨研究。企业风险传导路径可分为企业内部部门之间的传导、企业与外部企业之间的传导、外部企业之间的传导三个层面。费伦苏、邓明然把商业银行操作风险传导途径分成内部传导途径（信息传导途径、业务流程传导途径、人员传导途径、技术传导途径）和外部传导途径（操作风险在商业银行与其客户之间的传导、操作风险在商业银行与各种金融机构之间的传导、商业银行操作风险在商业银行与其他关联方之间的传导）。

为了方便后面研究，本书按照营销风险传导路径的性质，结合部门表现形式，把其分为风险沿着业务流程链的传导、风险沿着利益链的传导、风险沿着价值链的传导、多方位风险沿着多路径传导、系统崩溃式的全路径风险传导五个方面。

第二节 信任风险控制的关系研究

一、信任风险控制的研究证明了信任对产业风险的抑制性作用

近年来，经济学家在投资决策中用博弈理论研究了信任的作用。Berg 等研究了信任博弈模型，他们发现，委托方的信任取决于其对人类互惠的本性。基于 Berg 的工作，Glaeser 结合信任做了实证研究，发现关系更近的人与人之间，信任和可信度的作用更为明显。Engle - Warnick 和 Solonim 将这种研究扩展为多阶段博弈，并且发现在有限博弈的情况下，信任随着主体获得收益后而降低。最后 Bohnet 和 Zechhauser 比较了一个概率博弈下的信任博弈，发现个人更倾向于根据期望利益而不是可信度来做投资决策。在运营管理的研究中，大多数的工作都是实证研究。例如，通过供应链成员的调查问卷表明，信任的建立可以提升供应链对市场的反应，促进成员间的合作。在金融行业领域也有很多关于信任的研究。常规的金融模式是指在政府监管下的资金融通活动，这样的金融监管基于法制的管理之下，还有一种就是“民间金融”，即大家常说的民间借贷，主要包括私人借贷、钱会、私人钱庄。对于民间金融，因为游离于政府监管之外，因而信任在其中就起到十分重要的作用，这种关系尤其是在华人社会中十分常见。喻卉认为，内生于乡土社会的民间金融，运作的信任机制主要是基于人际关系的特殊信任，关系信任与民间金融具有内在的亲和性，但随着交易的扩大，关系信任的深化难以实现。时辰宙认为，基于重复博弈的声誉机制在特定的信任半径下对金融行业的发展有重要作用。谢黎旭阐述了供应链金融的概念，论述了供应链金融目前的问题并给出了四点建议。张宗勇通过实证分析，表明地区间的信任与金融发展水平存在显著的正相关作用。Torben 通过实证研究探讨了消费者信任对于金融服务的影响。Luigi 基于实证研究讨论了信任的崩塌与金融行业出现的欺骗事件的关系，并给出了重塑信任的方法。在组织中存在激励性信任和威慑性信任两种形式。激励性信任对风险抑制的影响，如严进、Manuel（2008）、周路路（2011）应用成员互换来消除员工沉默行为实现组织信任风险控制。威慑性信任的抑制作用研究，如乐强毅（2006）、Candace（2009）通过建立声誉模型来实现

信任风险控制；李焕荣（2005）、林健（2006）、彭本红（2008）、Linda（2009）应用信任博弈和激励模型进行信任风险的控制；李小勇（2009）通过建立信任量化决策模型来防范风险的发生。应用关系信任治理方式可以有效地帮助产业进行风险传导控制。

二、风险控制的研究揭示了风险变化对治理机制选择的影响

目前，风险控制的方法主要采用契约控制和社会控制。契约控制强调从利益协调角度建立契约治理机制实现风险的有效控制，如史成东（2009）的风险共享契约、李学迁（2010）基于价格竞争的两阶段博弈模型等。社会控制从关系治理的角度实现风险控制，如 Kim（2008）、Yi Liu（2008）、陈灿（2012）、马晓东（2014）对风险与治理的关系论述。同时，两种治理机制有不同的使用条件，如龙勇（2011）根据所处产业不同的成熟度指数来研究产业风险的变化，选择对产业合适的治理机制；谢恩（2009）认为，当产业中的风险主要表现为关系风险的时候提高正式控制的水平，当产业中的风险主要表现为绩效风险的时候提高社会控制的水平。此外，虽然有学者认为信任是对风险契约治理的补充，但是 Carson 等（2006）的实证研究证明，契约治理缺乏灵活性，因此难以有效应对环境不确定性带来的事后调整问题，而关系治理中的信任等内在规则能提高事后调整的灵活性，从而帮助企业更好地适应变动的环境。信息共享风险主要是由于供应链的“牛鞭效应”，国内外有很多学者对这个领域进行了研究。最早的研究来自 20 世纪 60 年代的 Forrester，他研究了信息回馈困难从而使决策者的多重预测造成需求放大，造成信息传递的失真。Forrester 也提出了通过调整订购频率、订购量等，即制定最佳的订购策略来规避信息风险。Lee 等则提出了通过 EDI、VMI 等模式协调订单频率，从而降低了“牛鞭效应”。Naish 和 Kahn 则对“牛鞭效应”的原因进行了探讨，并提出如果提前通知用户的行为变化，则可以降低“牛鞭效应”。国内也有人做了一些研究，李杰通过提高物理过程的效率来降低规避信息的风险。丁青通过 VMI 来规避信息风险。叶翠玉等提出在企业内部成立供应链管理部门，来统一协调供应链的风险。同时，网络的进一步发展，也为信息共享的多元化和更低的成本提供了支持，可以帮助研究人员考虑如何进一步降低信息共享中的风险。

通过文献研究表明：①国内外学者有关信任对风险的抑制作用研究较多，但是还没有建立信任对风险传导的影响作用机理。②信任治理面对环境风险的制度优势已经得到研究验证，这为风险传导控制的实现提供研究视角和思路。

第三节 风险救助与风险传导控制关系的研究述评

一、强调以防御和削减策略为核心的风险控制方法

目前，有关研究主要集中在通过建立防御策略来削弱风险传导带来的影响，如兰荣娟（2010）针对产业的运作风险控制，提出了一种模糊集合理论与层次分析法（AHP）相结合的动态产业运作风险因素重要性排序方法；王元明（2008）针对项目型工业聚集区风险的特性，提出将项目缓冲重新分解并插入工业聚集区的环节中起到抑制风险传递的作用；张存禄（2009）分析工业聚集区中知识链和风险链之间的相互作用机理，通过跨组织的知识管理弥补工业聚集区风险管理存在的知识缺口来实现风险控制；Yu（2009）建立单采购和双采购模式选择的决策模型来防范工业聚集区的破坏性风险；Knemeyer（2009）提供一种针对工业聚集区突发事件风险的主动防御策略；Skipper（2009）提出通过工业聚集区的柔性策略来削减风险传导所带来的破坏性影响；Oke（2009）结合一个零售工业聚集区实例对概率高、影响小的风险进行分类并结合契约协调理论提出风险削减策略；彭皓玥（2015）构建了公众参与区域生态风险防范的作用机制模式，即“意识—行为”整合模型。但是，这些策略都属于被动式控制，对既成的损失无法更改。

二、风险救助的风险控制在防范风险传导方面具有优势

目前，对风险救助的研究主要集中在信用和利率风险的研究领域，如文忠桥（2005）的随机利率期限结构下风险控制模型、龚朴（2005）的基于非平移收益曲线的风险控制模型、买建国（2005）的持续期模型、刘艳萍（2009）的基于方向久期利率风险的资产负债组合优化模型、迟国泰（2011）的基于信用与利率双重风险的资产组合优化模型和 Fong（2012）的证券风险免疫模型。同时，鲜见有关产业内部成员间风险传导的风险免疫策略的研究，但是产业风险传导与金融风险传导的相似性使通过风险免疫策略实现产业成员间风险传导控制成为可能。

通过文献研究表明：①在现有的研究中防御和削减策略是风险传导控制的主流方法，但是这种方法属于被动控制方式，属于事后相应的风险应对方法。②风险救助是适用于风险传导的主动控制方法，目前研究主要集中在信用和利率风险

应对，从目前的研究结果来看，风险救助同样适用于产业成员间风险传导问题的解决。

第四节　有关生态风险研究

一、生态风险定义

生态风险（Ecological Risk，ER）主要是指某些地区的生态系统被人为干扰破坏结构或由于本身自然环境损坏生态健康的风险。风险是指不幸事件发生的概率及其发生后果将会造成的灾害，可以称为“风险度”（Degree of Risk）或“风险值”（Risk Value）。风险度通常定义为随机事件 X 的标准差 B（x）与其均值 E（x）的比值。显然，它代表了随机事件的分散程度，风险度越大，其风险就越大。风险值用来表示生态系统在不良事件影响下的整体损失。生态风险是人类在推进经济发展过程中的伴生物。生态环境风险规制一直以来都是政府活动的重要组成部分。新中国成立初期，我国经历了“大跃进”、大炼钢铁时代，再到改革开放后众多企业工厂的不断涌现，对环境的破坏已然到了十分严峻的地步。政府对生态环境风险的规制是否有成效，是政府绩效的重要体现，也直接关系到人民群众对政府信任的影响。环境风险问题是伴随着人类生产力的不断解放和新技术的不断发展而产生的，可以说，环境风险已经成为人类社会进步所带来的“副产品”。在生态越来越脆弱的现在，环境污染问题是一个急需进行有效规制的问题，它不仅关系人类生存环境和生活质量，更与人类社会的发展息息相关。然而，传统的环境污染，如污水排放、有害气体排放、垃圾处理等问题依然有待解决，新的环境问题如核辐射、雾霾污染、光污染等问题又在不断涌现。由此，在风险社会背景下，环境风险也正在不断加重、加深。由于人类衡量一个地区经济发展的重要指标是 GDP，在一定意义上，政府作为理性的经济人，也会追求利益最大化，特别是获得较高的财政收入，追求更多的获得上级和民众好评的声誉。因此，地方政府为使经济快速发展往往就会以牺牲环境生态为代价。但随着地方经济发展到一定程度，政府开始反思经济发展与生态环境之间的关系。于是，各地方政府也都制定了预防经济发展中生态风险的措施。

二、有关工业聚集区生态风险研究

工业聚集区生态风险就是指在工业聚集区特定区域内，具有不确定性的事故

或灾害对生态系统及其组分可能产生的作用，这些作用的结果可能导致生态系统结构和功能的损伤，从而危及生态系统的安全和健康。生态风险是由于人类的不理性实践活动而导致的生态失衡可能产生的不确定性的消极后果。生态风险除了具有一般意义上的“风险”含义和特点（如客观性和不确定性）之外，还具有自身鲜明的危害性、内在价值性和动态性特点。20 世纪 70 年代以来，生态风险的存在已经成为一个客观事实并引起了全世界的高度重视。我国未来工业聚集区生态灾害的主要风险来自污染事故和突发事件。环境风险并不仅仅是指那些已经成为不争的事实，或者已经高度现实化的，在将来的某个时刻会产生环境危害的灾难，从本质上来说，环境风险是一种参数或指标体系，这种参数在某种程度上可能会影响人类发展和社会发展的方向。环境风险带来的危害是具有延时性的，但产生危害的原因却在当下（林森、乔世明，2015）。由于人类的认知能力总是有限的，那么存在“无知”的盲区就难以避免，因此人们在做出某种行为决策或进行某项活动的时候，不可能完全准确地预测这种决策或活动在以后是否会依然有效，对于环境风险来说，很难预测当前做出的环境决策对将来的环境是否会造成影响，由此，环境风险是具有不确定性的，这也使环境风险发生的概率难以测量且风险规制和决策者规制工具的选择也显得十分困难。Lichtenberg 和 Zilerman（1986）在研究中制定了一套环境健康风险规制决策框架，这个决策框架不仅将被释放的环境污染物影响的不确定性纳入决策，还将人类环境行为的不确定性也纳入决策。该框架表明，环境治理平均成效降低的重要因素之一是决策不确定性的增加。同时，由于环境风险是否会直接威胁健康也存在一定不确定性，他又在该决策框架的基础上提出了衡量损失生命风险价值的另一种测量方法。Belluck（2008）以独特的科学性视角分析了政府关于规制环境风险的策略、环境风险的法律保障以及政府自身的规制职能，在他看来，在做出有效的环境风险规制决策前需要进行全面的环境风险信息分析，而全面的风险信息分析框架又必须包含科学的方法、科学的评价程序以及科学的思维方式，如果全面的风险信息分析框架不够完整甚至出现缺失，那么就可能会存在“科学的迷失”。

三、有关生态风险评价研究

1. 生态系统健康与风险评估理论

该理论的主要观点如下：第一，基于生态系统，从生态学视角来考虑生态系统安全的一个理论，主张保证其正常运行，促进功能的完整性。第二，探索人为利用资源过程与其生存环境之间的相互作用，客观地分析生态系统的健康状况。我们可以从这个角度来评估生态系统的质量。第三，把生态脆弱的地区作为研究的对象。第四，当进行评估时，不同地区应该选择相应的标准，因为评估标准是相对的。第五，从人类对生态安全进行关注这个视角出发，进行分析和评价，以此为前提构筑生态安全的保障体系。

2. 人地关系协调理论

人地关系协调的内涵可概括如下：人类在利用土地资源时，既要保持自然世界的平衡与协调，又要在保持自身的平衡和协调的前提下，保持人类活动、土地利用和生态环境之间的关系的平衡与协调。人地关系和谐发展意味着土地生态系统状况良好，可持续；人类活动和土地利用方式是合理的。因此，土地生态系统可以继续为人类提供更完整的土地生态服务和更健康的生态资源。土地生态风险评估研究是指人类活动和土地利用对土地生态系统的影响。因此，人地协调理论可为土地生态风险评估研究提供理论依据。

3. 土地可持续利用理论

1987 年，联合国世界环境与发展委员会在《我们共同的未来》中明确提出了可持续发展的定义，即不仅满足了当代人的需求，也不会威胁到后代的发展。可持续发展是在全球范围内得到普遍认可的由传统发展模式发展的全新概念。人类社会的发展与环境和自然资源密切相关。可持续发展理论是从这两个角度对人类社会发展的研究。它具有以下丰富的内涵：可持续发展理论的核心是发展，其目标以转变观念为前提，通过走绿色发展道路从而使经济和社会发展形成良性循环。以发展为核心的可持续发展理论更注重协调发展。它将自然环境、人类、社会和经济作为一个整体进行考虑，并协调和约束限制各自的行为，使其能够动态地平衡发展。土地作为可再生资源，可持续利用的理念基于可持续发展理论。如果土地可以合理使用，将可持续利用；相反，如果是人为破坏或不合理使用，土地资源将退化，生产功能下降，甚至丧失基本功能。可持续的土地利用是为了确保土地生产力的稳定和可持续增长，保持土地利用的潜力，防止一切形式的土地退化，以满足经济和社会发展对土地资源使用的持续需求，并实现土地的可持续和有效利用。土地生态风险评价应建立在土地可持续利用的基础上，从生态环境和土地资源角度研究人类社会发展，使土地资源在经济和社会两方面都可持续发展，不会牺牲生态环境。

4. 土地系统工程理论

系统工程是 20 世纪中叶兴起的一门涵盖了广泛内容的综合性学科。系统工程是从整体方面，合理规划开发、运行管理和保证最优的大型复杂系统、理论方法和技术的总称。世界是一个复杂的“社会—经济—自然”生态系统。经济社会不断发展，人类活动对生态环境的不利影响也越来越突出。如果继续下去，生态环境将达到不符合人类最低要求的水平。生态系统自组织与协同原则是生态环境系统对生态环境进行调控的基础，以实现物质的循环利用以及相互间的作用，

消除系统内部波动产生的巨大破坏力，以及局部积极反馈和整体负面反馈相互平衡。在环境变化的特定条件下，生态系统中的各种群体都具有适应能力，这是生态系统工程的基本依据和基本目的。土地是由岩石、矿藏、土壤、水文、大气和植被组成的复杂系统。它包括地球表面区域及以上的，以及以下一定空间范围的所有环境要素。它是人类社会生产和生活空间结构组成的自然经济综合体。土地生态系统也是一个复杂的综合体系，其包含自然、经济、社会、环境等多个子系统。因此，系统工程理论可以为土地生态风险评估提供理论指导。生态风险评估应考虑自然经济和社会人为因素，复合生态系统中的每个维度都决定了生态风险的不同维度和水平。

四、生态风险传导相关理论

生态风险传导是指由生态风险源中释放的风险，依附于风险载体，沿着相关流程链、价值链和利益链，在各流程和环节传导、蔓延的过程。风险源是风险传导的动力，任何风险的传导必然有个初始的风险源。有了风险源之后，风险就会沿着某些特定的路径传导至风险接受者。风险传导理论是建立在风险管理理论研究基础之上的，风险管理已经形成了一套完整的理论体系，为风险传导理论的建立和完善提供了重要的理论基石。多米诺骨牌理论（Heinrich’s Domino Theory）与能量释放理论（Energy Release Theory）是构建风险传导理论最重要的理论基础。多米诺骨牌理论又称海因里希因果连锁理论，是由美国安全工程师海因里希（W. H. Heinrich）在1931年提出的。他借用多米诺骨牌的传递效应以阐明导致伤亡事故发生的各种原因及其之间的关系。该理论认为，伤亡事故的发生不是一个孤立的事件，尽管伤害可能在某瞬间突然发生，但却是一系列事件相继发生的结果，该理论强调避免人的错误行为，强调人为因素在风险发生中的地位。能量释放理论或称能量破坏性释放理论，是由哈顿（William Haddon）博士在20世纪70年代提出的。该理论强调对机械货物等物质因素的管理，从而创造一个更加安全的物质环境。与多米诺骨牌理论不同的是，能量释放理论提出了对环境和机械因素的控制，而不局限于对人为过错的控制。

第五节 现有文献的研究与评述

综观相关的参考文献，发现有如下几个特点：首先，国内外目前对于产能信息共享的研究，都隐含了一个基本假设，就是单纯地以利润最大化为前提，而没有考虑长远的合作发展。事实上，在现代商业活动中，供应链成员的合作绝不可能仅是一次或几次的合作，为了应对更复杂的市场竞争，很多企业都和上下游企业结成紧密的合作关系，以整体供应链的方式来应对竞争。因此成员间的信息沟通，势必会考虑信任这个非理性因素。其次，由于国内外的文献多是基于实证研究的，因此得到的结论局限性较大。举例而言，国外实证研究的有关信任的结论，未必能够适用于中国国内的企业合作，因为这些都与信任关联的社会文化、诚信制度等有很大关系。即使国内的实证论文，如果研究的行业、地域不够全面，所得的结论也缺乏一般性。因此，目前实证论文的研究局限性较大。再次，近年来的研究中，通过契约的方式来协调供应链成员的期望效用，有一个隐含的前提是产能足够。真实的企业运作中，多余产能导致的沉淀成本是企业不能接受的，因此不考虑产能状况不符合实际情况，产能的设置决策对供应链成员的期望利润起着十分重要的作用。最后，在对于机制设计的研究中，常用的方式是委托—代理，用来消除“牛鞭效应”。

本书通过构建保险金、价格补偿等风险规避方式，研究这些方式对于产能信息共享的作用，并通过数值算例来验证这种方式的可靠性，以企业的实证研究作为考量的标准。最终是期望获得一种能够用于企业实战的方式，帮助企业管理层制定更为切实而有效的决策。

第三章　工业聚集区风险传染的动态演化机理

第一节　交互关系的异质性分析

一、企业决策行为

考虑企业在生产过程中会综合考量自身利益并结合外部监督情况，进行生产线的管理、产品的规划与生产。

$$f(x)=f(0)-E(x) \quad (3-1)$$

其中，$f(x)$为企业在决断之后的获利情况；$f(0)$为企业的初始获利情况；$E(x)$为企业通过外部监督，是进行违规生产时所产生的违规成本。

当$f(x)>0$的时候，即企业在进行企业行为判定之后，$E(x)>f(0)$，企业的获利>违规成本，此时企业有违规排放的动力，造成违规排放后果。当$f(x)<0$时，即企业在进行企业行为判定之后，$E(x)<f(0)$，企业获利<违规成本，此时对企业违规排放的约束性强，企业没有违规排放的动力，所以企业会进行合规生产。

企业会根据自身获益的大小、获益程度来进行企业决策行为，如图3-1所示。

企业根据自身的情况进行生产，外部监督生效时，企业会自行做出判断，当获利小于违规成本时，会进行合规生产。当获利大于违规成本时，会进行违规排放，造成外部生态风险。此外还有一种情况，当外部监督失效时，企业为获得最大利润，可能会关闭环保处理设备，造成违规排放。

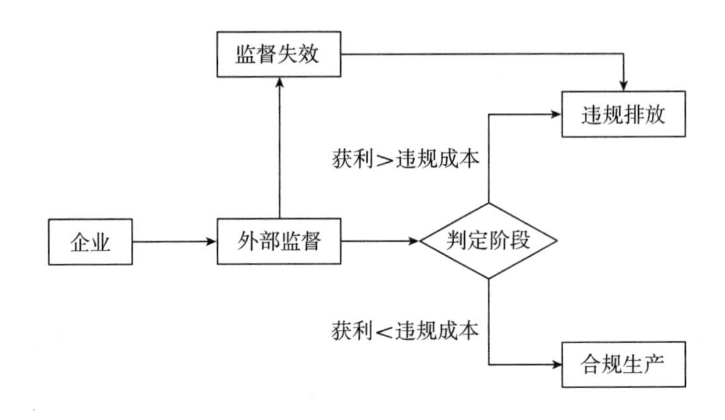

图3-1　企业决策行为

二、三种因素对工业聚集区生态的影响

单个企业一般受到政策因素、资金因素、行业因素的制约和掣肘。这些因素对单个企业的行为造成了影响。

1. 政策因素

（1）定义。政策是指国家政权机关、政党组织和其他社会政治集团为了实现自己所代表的阶级、阶层的利益与意志，以权威形式标准化地规定在一定的历史时期内，应该达到的奋斗目标、遵循的行动原则、完成的明确任务、实行的工作方式、采取的一般步骤和具体措施。政策的实质是阶级利益的观念化、主体化和实践化反映。

（2）特点。

1）阶级性。阶级性是政策的最根本特点。在阶级社会中，政策只代表特定阶级的利益，从来不代表全体社会成员的利益、不反映所有人的意志。

2）正误性。任何阶级及其主体的政策都有正确与错误之分。

3）时效性。政策是在一定时间内的历史条件和国情条件下，推行的现实政策。

4）表述性。就表现形态而言，政策不是物质实体，而是外化为符号表达的观念和信息。它由有权机关用语言和文字等表达手段进行表述。作为国家的政策，一般分为对内与对外两大部分。对内政策包括财政经济政策、文化教育政策、军事政策、劳动政策、宗教政策、民族政策等。对外政策即外交政策。政策是国家或者政党为了实现一定历史时期的路线和任务而制定的国家机关或者政党组织的行动准则。

（3）政策因素对企业的影响。目前，环保方面的法律法规很多，涉及各行

各业的方方面面，如环保综合类、水体环境、大气环境、噪声振动、固体废物、化学品、放射辐射、防震减灾、建设项目、综合整治、排污管理、能源资源、自然保护、绿化环卫、土地农业、监测监理、环保政务、环保科技等领域。

政府部门通过法规和条例的制定，影响企业的生产情况，进而对企业的行为造成影响。

2. 资金因素

（1）资金的定义。资金是指经营工商业的本钱；也指国家用于发展国民经济的物资或货币。资金是以货币表现，用来进行周转，满足创造社会物质财富需要的价值，它体现着以生产资料公有制为基础的社会主义生产关系。资金是垫支于社会再生产过程，用于创造新价值，并增加社会剩余产品价值的媒介价值。

（2）资金对企业的影响。资金因素是制约一个企业行为最关键的因素之一。企业资金链的安全对企业的安全非常重要。要有安全保障，除了保证主链的资金充分宽裕之外，还必须有相当的融资能力（包括利用政府、银行等非常手段），在每个循环后要有增值，在这个增值的过程中，降低生产成本是非常关键的一环。环保设备的购买、安装、调试、运营、使用、维护各个方面都会造成生产成本的提高，加大企业的生产成本。例如，对于钢铁企业来说，购买和使用脱硫设备会造成吨钢生产成本提高，降低钢坯的产品竞争力，在同样的生产量情况下，会造成企业利润的减少，给广大的股东造成损失，降低了资金链的保障能力。所以，资金的因素对企业的行为是一个很重要的影响因素。

3. 行业因素

（1）行业的定义。行业一般是指其按生产同类产品或具有相同工艺过程或提供同类劳动服务划分的经济活动类别，如饮食行业、服装行业、机械行业、金融行业、移动互联网行业等。

（2）行业因素对企业的影响。①行业内从众行为。当企业在群体成员的行为下或者群体的压力之下，造成行为的模仿和适从。这就构成了企业的从众行为。行业内或聚集区内大多数企业都在进行违规排放时，会影响其他企业对政策的判断，从而导致企业的行为受到影响，进而引起企业的违规排放。②行业的竞争因素。“同行是冤家”，同一行业内的企业，因企业技术因素、管理情况、资金因素等情况会有产品成本的差异，但这种差异会在可控的范围内。当行业内企业高度竞争时，会刺激单个企业违规生产，从而降低企业的成本以获得竞争优势。

三、交互关系的异质性分析

通过对政策因素、资金因素、行业因素的分析，进行工业聚集区企业之间交互关系的异质性分析，构建交互关系的异质性分析图，如图 3 - 2 所示。

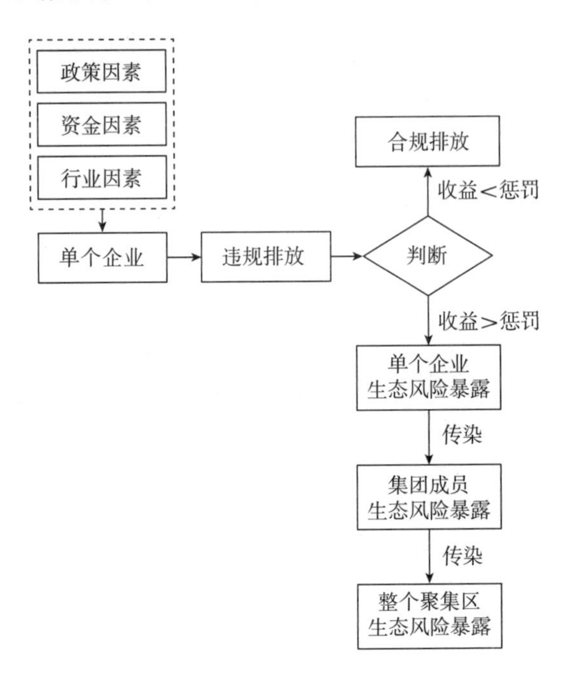

图 3-2　交互关系的异质性分析

第二节　生态风险的特征

生态风险具有如下特征：

一、不确定性

生态系统具有哪种风险和造成这种风险的灾害即风险源是不确定的。人们事先难以准确预料危害性事件是否会发生以及发生的时间、地点、强度和范围，最多具有这些事件先前发生的概率信息，从而根据这些信息去推断和预测生态系统所具有的风险类型和大小。不确定性还表示在灾害或事故发生之前对风险已经有一定的了解，而不是完全未知。如果某一种灾害以前从未被认知，评价者就无法对其进行分析，也就无法推断它将要给某一生态系统带来何种风险了。风险是随机性的，具有不确定性。

二、危害性

生态风险评价所关注的事件是灾害性事件，危害性是指这些事件发生后的作用效果对风险承受者（这里指生态系统及其组分）具有的负面影响。这些影响将有可能导致生态系统结构和功能的损伤，生态系统内物种的病变，植被演替过程的间断或改变，生物多样性的减少等。虽然某些事件发生以后对生态系统或其组分典型城市生态风险评价与管理对策研究可能具有有利的作用，如台风带来降水缓解了旱情等，但是，进行生态风险评价时将不考虑这些正面的影响。

三、客观性

任何生态系统都不可能是封闭的和静止不变的，它必然会受诸多具有不确定性和危害性因素的影响，也就必然存在风险。由于生态风险对于生态系统来说是客观存在的，所以，人们在进行区域开发建设等活动，尤其是涉及影响生态系统结构和功能的时候，对生态风险要有充分的认识，在进行生态风险评价时也要有科学严谨的态度。

四、复杂性

生态风险的最终受体包括生命系统的各个组建水平，包括个体、种群、群落、生态系统、景观乃至区域，并且考虑生物之间的相互作用以及不同组建水平的相互联系，即风险级联系，因此生态风险相对于人类健康风险而言，复杂性显著提高。

五、内在价值性

经济学上的风险和自然灾害方面的风险常用经济损失来表示风险大小，而生态风险应体现和表征生态系统自身的结构和功能，以生态系统的内在价值为依据，不能用简单的物质或经济损失来表示。

六、动态性

任何生态系统都不是封闭和静止不变的，而是处于一种动态变化的过程，影响生态风险的各个随机因素也都是动态变化的，因此生态风险具有动态性。

第三节　生态风险要素识别

要讨论工业聚集区生态风险暴露违约和传染风险传染机制，需要明确影响生态风险暴露违约和传染风险的关键因素。通过对工业聚集区生态风险暴露的关键因素的识别，本书得出结论“行业因素”“资金因素”“政策因素”“企业行为”“政府行为”“企业家行为”等因素是影响生态风险暴露的关键。本节将从引起工业聚集区生态风险的暴露途径入手，分析导致生态风险暴露的相关企业的形式，并对工业聚集区内相关企业生态风险的传染机制加以分析，以模拟传播途径。

工业聚集区生态风险的暴露主要有以下几种途径。

一、环境因素的变化

通过对企业行为、政府行为、企业家行为的分析，以及对企业决策行为的阐述，本书发现，环境因素的改变也可以引发区域内的企业的连锁反应，即工业聚集区企业的生态风险的暴露。宏观经济的改变，世界经济的增长与衰退，都会对工业聚集区的企业造成影响。2008 年经济危机爆发，雷曼兄弟申请破产保护，美林“委身”美银、AIG 告急等一系列突如其来的“变故”使发展中国家的经济遭到重创，中国大量外向型企业遭遇订单减少、外商违约、拒绝收货等挑战，而在宏观因素的影响下，工业聚集区内部分企业为了维持生产，关闭环保设备，以降低生产成本。因此，当整个宏观经济环境发生不利的变化时，各类企业的违规生产概率都会有所增加，工业聚集区内生态暴露的风险也会随之增加。

二、企业自身原因

企业自身成本管理不善、工艺设备不完善、生产流程有待优化、交易失误等原因也会导致企业进行有利于自身的决策，导致企业的违规积极性增高。当企业违规生产的期望大于对其造成的惩罚时，企业不利于生态的决策行为会占据上风。

三、传染暴露

在工业聚集区的企业之间，园区内存在大量的企业，一个企业的生态风险的暴露，提升相关企业生态风险暴露的概率，甚至会直接使相关的企业生态风险暴露，这种暴露方式为传染暴露。

第四节 元胞自动机

一、元胞自动机定义

元胞自动机，是定义在一个由具有离散、有限状态的元胞组成的元胞空间上，并按照一定的局部规则，在离散的时间维度上演化的动力学系统。它是由元胞空间、状态、邻域和规则四个主要部分构成，在数学上可以记为一个四元组：$A=(L, S, N, f)$。其中，A 表示元胞自动机；L 表示为元胞空间；S 表示元胞的有限离散状态集，$S=\{S_0, S_1, S_2, \cdots, S_{k-1}\}$，$k$ 表示状态个数；N 表示邻域向量；f 表示局部转换函数，又称为规则。

为使元胞自动机的概念更加清晰，下面详细介绍元胞自动机的基本构成要素。

1. 元胞

元胞又可称为单元或基元，它分布在离散的一维、二维或多维欧几里得空间的网格点上，是元胞自动机最基本的组成单位。在处理具体的实际问题时，抽象的元胞可以是被赋予特定含义的实体，例如，交通系统模拟中道路上的车辆可以看作元胞（图像处理中的像素可以认为是元胞），城市规划中的一片土地也可以看成是一个元胞。

2. 状态

状态是元胞的一个重要属性，它可以是｛0，1｝、｛“生”，“死”｝、｛“黑”，“白”｝、｛“存在”，“消失”｝等二元表示形式，也可以是 $S=\{S_0, S_1, S_2, \cdots, S_{k-1}\}$ 这种整数形式的离散集。在标准的元胞自动机模型中，元胞的状态集是一个有限、离散的集合，每个元胞在任意时刻的状态可以看成是一个变量，取有限状态集中的一个值。

3. 元胞空间

元胞空间是指元胞所分布的空间网格的集合，它可以是任意维数的欧几里得空间的规整划分。由于多维空间的元胞自动机具有很强的复杂性，故目前对元胞自动机的研究主要集中在一维空间和二维空间。就一维元胞自动机而言，元胞空间的划分只有一种线性结构，而对于二维元胞自动机，元胞空间可以有三角、四方或六边形等构成方式（见图 3－3）。

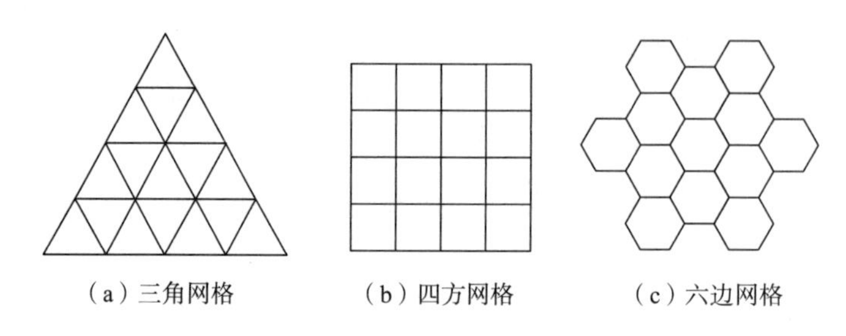

图3-3　二维元胞空间的划分

结构和空间的差异会导致二维元胞空间各自的特性不同，因此在空间划分上，以上三种也有不同特点。

（1）三角网格的优点是拥有相对较少的相邻元胞数目，并且易于处理复杂边界，这在某些时候很有用，其缺点是用计算机表达与显示不方便，需要转换为四方网格。

（2）四方网格的优点是直观而简单，而且特别适合于在现有计算机环境下进行表达显示，其缺点是不能较好地模拟各向同性的现象，如格子气模型中原始模型，即HPP模型。

（3）六边形网格的优点是能较好地模拟各向同性的现象，因此，模型能更加自然而真实，如格子气模型中的FHP模型。其缺点同三角网格一样，在表达显示上较为困难和复杂。

理论上，元胞空间在各个维上是无限延伸的，但是在实际模拟过程中，计算机无法处理无限网格，元胞空间必须是有限的，这就需要确定边界元胞的处理方法。动力系统的边界问题向来是一个复杂的问题，因为它会影响所有元胞的状态值。通常采用两种方法来处理边界元胞的行为，一种方法是令边界元胞拥有更少的邻居，对边界元胞建立不同的演化规则。另一种方法是对边界元胞进行延伸扩展，采用与其他内部元胞相同的规则。如果可能的话，还可以采用较大的空间，使研究的区域位于空间中部，从而避免边界情况的出现。以下为常用的扩边界的方法，如图3-4所示。

（1）定值型边界所有边界外的元胞取某一固定值，常用的零边界条件就是属于这种类型。

（2）周期型边界指相对边界连接起来的元胞空间。对于一维空间，元胞空间表现为一个首尾相接的“圈”。对于二维空间，上下相接，左右相接，形成一个拓扑圆环面，形似车胎或甜点圈。周期型空间与无限空间最为接近，因而在理论探讨时，常以此类空间型作为试验。

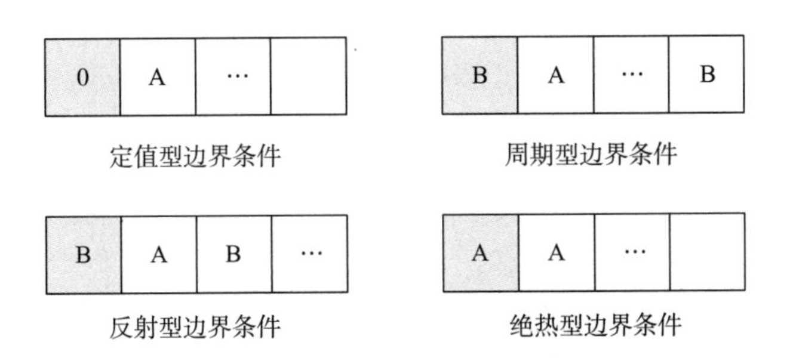

图 3－4 边界扩展元胞获得的边界条件

（3）反射型边界把元胞自动机的边界视为镜面，将越界的元胞视为界内元胞的像，越界的元胞状态取相应原像元胞的状态。

（4）绝热边界采用边界内的元胞与扩展元胞的状态相同，相当于元胞以外的状态与元胞的边界状态保持一致，在元胞自动机的演化过程中，外界元胞状态和边界元胞状态始终相同。

有时在应用中，为更加客观、自然地模拟实际现象，还有可能采用随机型边界，即在边界实时产生随机值，或者将多种边界条件结合起来，如在二维空间中，上边界可采用反射型，下边界采用绝热型，而左右边界可采用周期型。具体采用哪几种边界条件，要根据所要解决问题的边界特征来进行合理选择。

4. 规则

元胞自动机的演化特性是由规则决定的，这就好比体育场内掀起的人浪，每个人根据他邻居的情况做出自己的动作，如果邻居站起，那么自己也站起，然后过一段时间再坐下。同样，元胞自动机也是通过局部的作用导致全局的动态变化，而变化的主导者就是规则。

简单讲，元胞自动机的规则是一个局部状态转换函数，它的输入是元胞当前状态及其邻居状态，而输出是下一时刻该元胞状态，可记为：

$$f\colon S_m \rightarrow S$$

其中，f 为状态转移函数；S 为状态集；m 为邻域内元胞的数量。那么，对于一维的元胞自动机，局部的转换函数规则为：

$$S^{t+1}=f(s_{i-r}^{t},\ \cdots,\ s_{i+r}^{t})$$

其中，S_i^t 为 t 时刻在位置 i 的元胞的状态；r 为半径。

通常情况下，元胞自动机的规则具有同质性和确定性，也就是元胞空间内的所有元胞都服从同一个规则，在给定初始条件后将始终演化出相同的结果。然而，为了适合解决某些实际问题，可以令不同的元胞服从不同的规则，称为混合元胞自动机。

二、元胞自动机的分类

元胞自动机的分类问题一直是该领域的一项重要的研究课题，许多研究者从不同的角度出发，进行了各种分类，但至今为止尚没有一个统一的分类标准。目前最具影响力的当属 Wolfram 做的基于动力学行为的元胞自动机分类。他在大量的计算机数值模拟的基础上，将所有元胞自动机的动力学行为归纳为如下四大类。

1. 平稳型

元胞自动机自任何初始构形开始，经过一定时步演化后，进入一种均匀状态，即所有的元胞具有相同的状态值。这类元胞自动机对应于动力系统中的点态吸引子，它们的演化完全破坏了初始构形中的信息，任何随机性都将消失。

2. 周期型

元胞自动机经过一定时步演化后，进入一系列简单的固定结构或周期结构。它对应于动力系统中的周期吸引子，初始构形中的一些随机性会被过滤掉，而另一些则会被保留，类似于滤波器，可应用到图像处理的研究中。

3. 混沌型

这类元胞自动机表现出随机或者混沌的非周期行为，任何稳定的结构在迭代有限步后都将被破坏。它对应于动力系统中的混沌吸引子。

4. 复杂型

元胞自动机的演化行为既不属于周期型，也不属于混沌型，而是出现复杂的局部结构，或者说是局部的混沌。局部信息在空间上表现出不规则的传播，其传播速度随不同的局部特征表现出很大的差异。这类元胞自动机行为可以与生命系统等复杂系统中的自组织现象相比拟，但在连续系统中没有相对应的模式。Wolfram 曾猜测这类元胞自动机具有通用计算的能力，这一想法后来被 Conway 的生命游戏所证明。

Wolfram 的这种分类是基于计算机数值模拟的结果和定性分析的方法，并不是严格的数学分类。作为一个高度自由的动力系统，元胞自动机在不同的初始条件下可能具有多种动力学行为，也就是说，它的演化既有可能是周期的，也可能是混沌的。

三、元胞自动机特征

元胞自动机具有如下特征。

1. 离散性

元胞自动机是时间、空间、状态完全离散的动力系统，这一特征极大地简化

了计算和处理过程，方便在计算机上直接计算和精确求解。

2. 同质性

元胞空间内的每个元胞都服从相同的规律，即具有相同的演化规则，元胞的分布方式相同，大小、形状相同，空间分布规则整齐。

3. 并行性

各个元胞在任何时刻的状态变化是独立的行为，相互没有任何影响。

4. 局部性

每一个元胞在 t+1 时刻的状态，取决于其邻域中的元胞在时刻的状态，即所谓时间、空间的局部性。从信息传输的角度来看，元胞自动机中信息的传递速度受邻域半径所限。

5. 维数高

在动力系统中一般将变量的个数称为维数。例如，将区间映射生成的动力系统称为一维动力系统，将平面映射生成的动力系统称为二维动力系统。对于由偏微分方程描述的动力系统则称为无穷维动力系统。从这个角度来看，元胞自动机是一类无穷维动力系统，维数高是它的一个特点。

一般认为，某个领域的模拟问题能否借助元胞自动机完成，取决于具体问题是否符合上述几点限制条件。在上述特征中，同质性、并行性、局部性是元胞自动机的核心特征，任何对元胞自动机的扩展都应当尽量保持这些核心特征，尤其是局部性特征。

第五节 基于元胞自动机模型的生态风险传染机制分析

元胞自动机是一种时间和空间都离散的动力模型，最初被用于模拟生命系统特有的自复制现象，由于其演化可以表现出极其复杂的形态，所以经常用于复杂系统的建模与模拟。本书采用 CA 模型模拟中国区域碳市场企业违约风险传导过程，该方法主要应用于交通流、病毒传染以及森林灾变等领域。此外，还用于风险传播及扩散问题的仿真研究。He 和徐超将这一方法应用于企业新兴技术和信用风险传递领域。

鉴于现实世界中工业聚集区生态风险传染过程的复杂性和不可测量性，所以建立元胞自动机模型模拟现实的生态风险传染过程，通过参数变量的调节，找寻工业聚集区生态风险传染过程的关键影响因素和控制策略，是一种比较适合的研究路径。

利用元胞自动机模型研究生态风险的传染机制，需要明确工业聚集区关联企业与传染暴露的关系。

关联企业是造成传染暴露的一项原因。中国有明确的法律对关联企业进行定义。《关联企业间业务往来税务管理规程》（修订）中指出，关联企业是指表面上相互独立，实际上企业之间通过股权、债务、协议等方式，在经营、购销、资产等方面直接或间接相互影响、或控制与被控制，利益上相互关联的企业或者其他经济组织。国家税务总局《关联企业间业务往来税务管理规程》（修订）进一步解释了关联企业的定义。认为有以下关系的企业，都是关联企业：

（1）相互间直接或间接持有其中一方的股份总和达到50%或以上，或两者同为第三者拥有或控制股份达到50%或以上的。

（2）公司与另一个公司之间借贷资金占公司自有资金50%或以上，或公司借贷资金总额的20%是由另一个公司担保的。

（3）公司生产经营活动必须由另一个公司提供特许权利（包括工业产权、专有技术等）才能正常进行的。

（4）公司生产经营购进的原材料、零配件等价格及交易条件由另一个公司控制的。

（5）公司生产的产品或者商品的销售价格和交易条件由另一个公司控制的。

（6）对公司生产经营、交易具有实际控制的其他利益上相关联的关系，包括家族、亲属关系。

通过以上关系的总结，关联企业的特征如下：

（1）关联企业由 N 个独立的公司组成。

（2）每一个独立的公司都有独立的法律地位。

（3）关联企业具有群体意识，且由主公司进行支配。

（4）关联企业间具有相关联的合同业务关系，并努力维护这一关系。

根据工业聚集区企业的聚集结构，各个企业之间存在相关性，也存在一定的联系。它们的传染暴露的具体机制为：企业受到相同的宏观因素影响而选择违规生产，增加暴露的概率，地理位置相近的企业观测到其违规行为，从而进行跟进的决策，导致企业决策受到影响（传染暴露），据此构建了生态风险的暴露的传递机制，如图 3-5 所示。

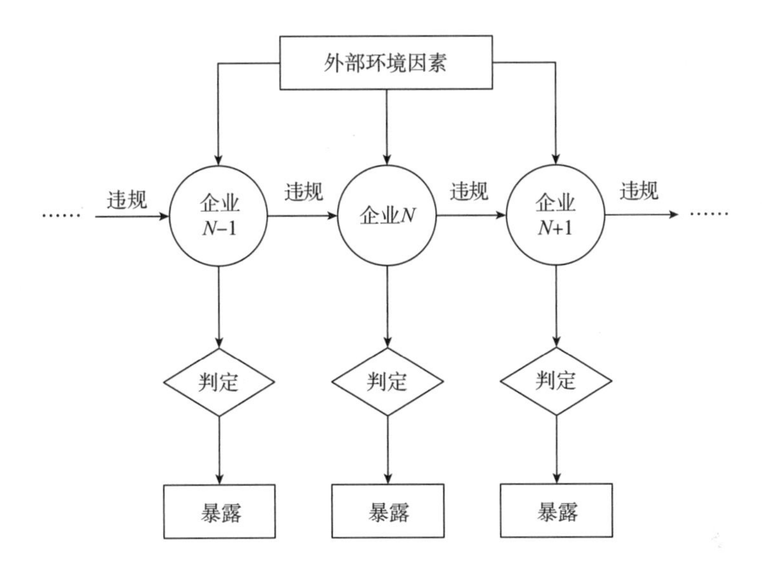

图3－5　工业聚集区企业生态风险传递机制

因此，在模拟工业聚集区企业生态风险传递的过程中，不但要考虑企业与企业的关系，而且也要充分考虑外部环境对企业的影响与冲击。

第四章会根据元胞自动机特性与生态风险的影响要素进行分析、试验，得出结论。

第六节　风险传染模型构建

根据中国区域内企业情况，构建工业聚集区内企业的分布状况。假设在某一工业聚集区内存在 n 个企业，大部分企业之间存在环境、业务、合同、贸易、技术性等方面的关联性交互影响。

本书拟采用 Von. Neumann 型模拟元胞邻居形式，并根据企业的关联性类别，对工业聚集区的企业进行类别的划分。本书将企业划分为四类。假设第 i 类企业为公司 i。

$$i = \{0, 1, 2, 3\}$$

其中，0～3 分别代表互补关系、产品竞争关系、弱关联性关系、无关联性关系四类企业。

一、0 类企业

0 类企业为互补关系企业。工业聚集区内的企业，生产相互捆绑、补充共同满足一种愿望或需求的关系的产品。

具有互补性的企业具有如下特点：

（1）双方或多方的产品在销售和使用的过程中被联系在一起，或者可以被联系在一起。

（2）它们对彼此的竞争地位有显著影响。互补产品的使用特性，使顾客将它们的形象联系在一起，综合地而不是单独地衡量它们的功能，或者把它们作为一个整体来衡量购买使用成本。

（3）根据交叉弹性理论，一种商品的需求量和它的互补产品的价格是反方向变化的，那么，捆绑产品的降价能刺激彼此的需求，达到相互促进的效果。

二、1 类企业

1 类企业为产品竞争型企业。工业聚集区内可能存在企业生产同类型的产品。不同的企业生产同质化的产品或者可替代的产品，它们之间存在竞争型的关系。

1 类企业有如下特点：

（1）企业生产的产品同质化或者为可替代产品。

（2）产品在消费者选择购买过程中由于其功能性利益与竞争产品相同可以被竞争对手所替代。

（3）由于竞争激烈且企业的生产流程类似，当一方企业能够开发出技术壁垒不强的新产品的时候，另一方会迅速跟进。

三、2 类企业

2 类企业为弱关联型企业。此类企业为同一条工业聚集区线上的企业，一般有如下特点：

（1）企业具有关联性，为工业聚集区上相关的企业。

（2）一般的表现形式为核心厂商是周边工业聚集区上的核心，周围围绕核心厂商有若干配套的中小企业。

（3）对于工业聚集区非常长的行业来说，如汽车、火箭、大飞机等，会有非常多的配套企业。

四、3 类企业

3 类企业为无关联性企业。在工业聚集区内，此种企业数量可能比较稀少，具有如下的特征：

（1）企业没有关联性。

（2）企业所生产的产品，以及生产所涉及的产品没有或者极少有关联性，不存在竞争关系。

第七节 状态演化机制选择

根据工业聚集区内企业的分类以及特性，本书采用 Von. Neumann 型模拟元胞邻居形式。如图 3 -6 所示。

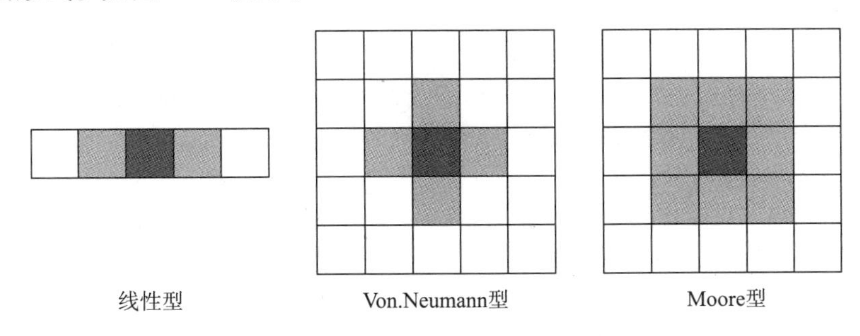

图 3 -6 元胞自动机的一般邻居形式

令每个元胞代表处于特定时间点 t 的纳入企业，如图 3 -6 所示，与之紧邻的 4 个元胞代表 0 ~3 类型 4 个企业，元胞邻居间的影响表征纳入企业之间的一次交互作用。

元胞 t 时刻状态受相邻 4 个元胞 $t-1$ 时刻状态影响，状态集合为

$$C=\{-1,\ 0,\ 1\}$$

其中，0 表示元胞对关联企业生态风险暴露无影响；1 表示正向影响；-1 表示负向影响。

据工业聚集区内企业特点，假设第 i 类企业首次违约时刻 t_i 为随机变量，$P(t_i \leqslant t)$ 表示第 i 类企业在时刻 t 内发生的违约概率，t 内发生违约次数服从泊松分布，如下所示：

$$P(t_i \leqslant t) = 1 - e^{-\int_0^t \lambda_i dt}$$

其中，λ_i 为生态风险暴露强度，在模拟的时间 T 内保持不变，那么违约的概率如下所示：

$$P(t_i \leqslant T) = 1 - e^{\lambda i T}$$

根据引言可知，工业聚集区中第 i 类企业生态风险暴露强度 λ_i，除受到自身 $t-1$ 时刻的状态 $\lambda_{i,t-1}$ 影响外还受到工业聚集区内其他类型企业和外部的政策、经济和制度等因素影响。因此，本书定义元胞演化规则如下：

$$\lambda_{i,t} = \lambda_{i,t-1} + \sum_{j \neq i} g_{ji}(\underline{p}, \overline{p}) * n_{ji} * \lambda_{j,t-1} + \varepsilon_i$$

$$g_{ji}(\underline{p}, \overline{p}) = \begin{cases} -1 & p_{j,t-1} \leqslant \underline{p} \\ 0 & \underline{p} \leqslant p_{j,t-1} \leqslant \overline{p} \\ 1 & \overline{p} \leqslant p_{j,t-1} \end{cases}$$

其中，$\overline{p}$和$\underline{p}$分别为给定的上下外生阈值，$p_{j,t-1}$为第 j 类企业 $t-1$ 时刻违约概率，当 $p_{j,t-1} \leqslant \underline{p}$时，第 j 类企业对于 i 类企业具有积极影响；当$\overline{p} \leqslant p_{j,t-1}$时，第 j 类企业对 i 类企业具有消极影响；当$\underline{p} \leqslant p_{j,t-1} \leqslant \overline{p}$时，第 j 类企业对 i 类企业无影响。n_{ji}为 j 类企业对 i 类企业的影响系数，满足 $n_{ji} \in [0, 1]$，不同 n_{ji}组成了工业聚集区内企业生态风险关联性矩阵：

$$A = \begin{bmatrix} \eta_{00} & \eta_{01} & \eta_{02} & \eta_{03} \\ \eta_{10} & \eta_{11} & \eta_{12} & \eta_{13} \\ \eta_{20} & \eta_{21} & \eta_{22} & \eta_{23} \\ \eta_{30} & \eta_{31} & \eta_{32} & \eta_{33} \end{bmatrix}$$

$\varepsilon_i \sim N(0, \sigma_i^2)$表征外部因素对 i 类企业的冲击。

第八节　初始传染位置设定与调整

据工业聚集区内企业生态风险关联性矩阵，$\varepsilon_i \sim N(0, \sigma_i^2)$ 表征外部因素对 i 类企业的冲击，设定各类企业初始生态风险暴露强度 $\lambda_{i,0}$，$i \in (0, 1, 2, 3)$ 与终止时间 t。

依据以上的演化过程，模拟工业聚集区企业生态风险传染路径，并求得各类企业的最终生态风险暴露的强度，设定违约阈值 P_m，将 i 类企业分为生态风险暴露集合 $S_{i,1}$，$i \in \{0, 1, 2, 3\}$ 与生态风险未暴露集合 $S_{i,0}$，$i \in \{0, 1, 2, 3\}$，通过统计集合内元素个数与元素综合之比，则可以得到各类企业在 t 时刻的生态风险暴露占比 $p_{i,1}$，$i \in \{0, 1, 2, 3\}$ 和生态风险未暴露占比 $p_{i,0}$，$i \in \{0, 1, 2, 3\}$。需要指出的是，$p_{i,1}$和 $p_{i,0}$是统计意义下得出的结论，不同仿真次数下得出的

结论并不一致，但是可以证明在多次仿真后，该值将趋于稳定。

本书选用 Matlab 2013b 软件，对工业聚集区生态风险传染路径进行模拟研究，模拟规模为 40×40。同类型企业的关联性设定为 1，所以根据模型构建的方式，设定工业聚集区内企业生态风险关联性矩阵：

$$A=\begin{bmatrix} 1 & 0.1 & 0.5 & 0.3 \\ 0.1 & 1 & 0.7 & 0.2 \\ 0.5 & 0.7 & 1 & 0.1 \\ 0.3 & 0.2 & 0.1 & 1 \end{bmatrix}$$

参照标准普尔评级标准，联系工业聚集区生态风险潜在特点，设定 $\lambda_{0,0}=0.05$、$\lambda_{1,0}=0.06$、$\lambda_{2,0}=0.085$、$\lambda_{3,0}=0.075$。元胞的状态界定的阈值为 $\overline{p}=0.04$、$\underline{p}=0.01$。外部性扰动指数为 $\sigma_0^2=0.00875$、$\sigma_1^2=0.01$、$\sigma_2^2=0.015$、$\sigma_3^2=0.01$，生态风险暴露阈值 $P_m=0.0087$、$\beta=1$、$\gamma=10$、$u=1.5$、$v=0.5$。

第八节　风险传染结果分析

通过 Matlab 软件进行编程处理，建立元胞自动机模型，并带入相关数据，对工业聚集区生态风险传染路径进行模拟研究，模拟迭代 6000 次，0～3 类企业模拟结果如图 3－7～图 3－10 所示。从企业类型差异视角，参与聚集区生态风险传染模拟的企业违约比列最高为 1.25%。从聚集区差异视角，生态污染传染过程中违约比例最高是 2.13%（包括 2 类和 3 类传染）。由于中国工业园区生态污染调控还处于起步阶段，相关数据和制度有待完善限制，1～3 类违约传染风险尚未有明确数据，但本书模拟结果显示，风险传染排序为 2 类传染的企业大于其他三类企业，这与 Bao－jun Tang 等对于企业违约和生态抵消市场违约风险的相关性结论相互印证，可见本书通过元胞自动机模拟中国工业聚集区生态风险传染所得结论具有一定的可靠性。

表 3－1　不同类型企业违约比例

	0 类传染	1 类传染	2 类传染	3 类传染
企业类型视角	0.81%	1.06%	1.25%	0.88%
聚集区类型视角	1.87%		2.13%	
总违约比例	4%			

图 3.7 ~ 图 3.10 分别对应 0 ~ 3 类企业生态风险传染的模拟结果，观测结果显示，单位间隔性风险阻断现象在 0 类和 3 类中出现最为频繁，因此两类传染的违约概率最为接近；毗邻性风险传导现象多发于 2 类传染，因此 2 类传染的自我阻断效果最差，处于 2 类风险传染环境中的企业生态违约概率较高。

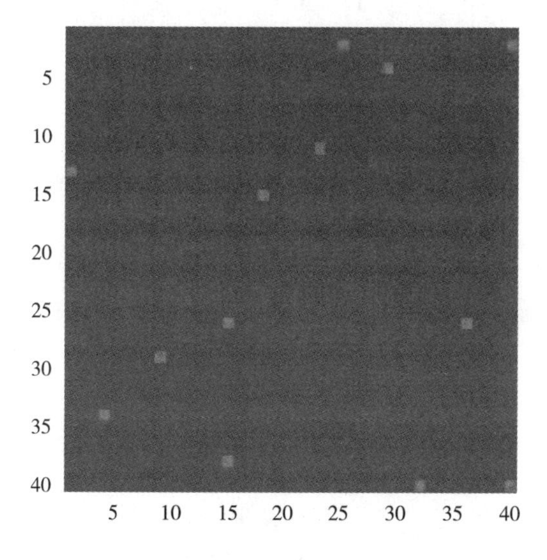

图 3-7　0 类企业违约传染结果示意

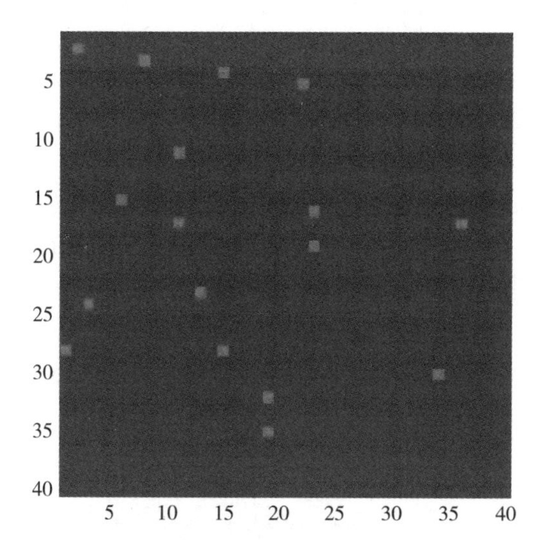

图 3-8　1 类企业违约传染结果示意

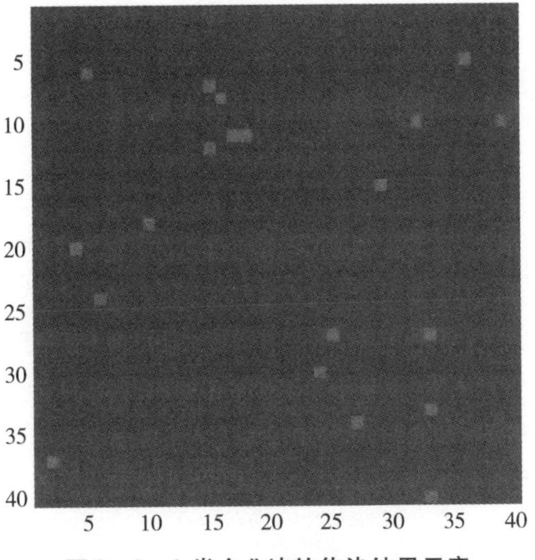

图 3-9　2 类企业违约传染结果示意

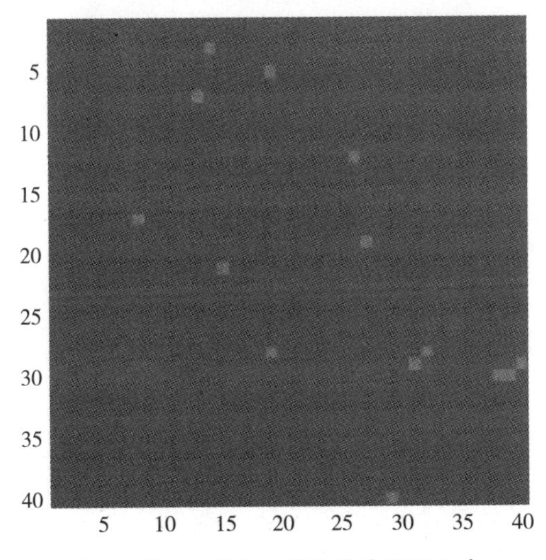

图 3-10　3 类企业违约传染结果示意

第十节　工业聚集区生态风险的传导过程

一、传导过程一：园区外合作行为传递

工业聚集使园区内企业具有更高的效率、更强的谈判能力，在与园区外企业

合作的过程中产生的排污压力发生转移，传递生态风险。

二、传导过程二：园区内企业合作行为传递

在政策限制下，工业聚集区具有额定的排污单位许可，园区内企业的合作行为产生废弃污染物排放的相互增加或减少，使生态风险在合作过程中完成传递。

三、传导过程三：企业产出至客户

工业聚集区内的单个企业将半成品或成品销售至客户进一步生产或使用的过程中产业废弃物或环境污染，生态风险在这一过程中传递。

第四章　工业聚集区的信任结构体系构建研究

第一节　信任结构理论基础

工业聚集区作为产业空间集聚的基本框架，作为带动区域发展、创造竞争优势的复杂组织模式，既有利于区域经济发展又给国家带来超凡的竞争能力，此外，它在成长过程中也会出现疲软等现象。这主要是因为企业往往先考虑自身的竞争优势，强调自身的规模扩张和利益，对社会资本关系和生态治理没有足够重视。聚集区内各企业为了实现利益的最大化，过分注视自身的竞争优势和利益，忽视集体合作伙伴间的生态合作，不仅不利于自身的长远发展更会降低合作带来的效益。其最终的结果是集群优势丧失，集群体衰落，影响区域经济和生态环境的发展。合作的前提是双方信任的建立，为了实现生产、交易运营的高效率，产业集群内企业必须选择信任对方的策略，并按照制定的契约条件约束自身行为，合作互助。所以说，建立合作伙伴关系的企业必须以信任为前提条件。

一、信任理论

信任是一个相当抽象的概念，目前还没有形成统一的定义，学者们从不同角度给出了不同的定义。一种是从认知和预期的角度来定义，它强调信任是一种信念，是指合作的一方对他方的可靠性和诚实度有足够的信心。另一种是从行为和意愿的角度来定义，它强调信任的行为特征，认为信任是指一方在他方的能力、善意和政治的基础上通过双方的交往而甘愿冒风险去信任他方的行为过程。当然，也有的学者同时注意了信任的两个方面，给出了对合作伙伴有信任而愿意依赖对方。由于信任的特殊性，可以说，被信任方的能力、善意和正直三个维度能够用能力、诚信和商誉这三个维度来加以衡量。考虑实证研究的需要和定义的可操作性，本书采纳 Mayer 等关于信任的定义，并将商务背景下合作双方之间的信任看作信任方在意识到被信任方的能力、诚信、商誉三个相关部分组成的可信度基础上，对被信任方可信度的一种主观意愿。本书认为，信任的内涵包括以下几点：第一，合作方均确信没有一方会利用对方的弱点去获取利益。第二，信任是行动者在有风险的条件下对承诺方的一种正向预期和蓄意的期望。第三，信任是一种防范化和经济化的工具，可以减少复杂和风险。

集群企业间信任机制的实质就是对产业集群内的非正式契约关系进行管治活动，是集群高效运行的基础。产业集群企业间的信任机制对于产业集群的整体发展乃至区域经济、周边经济、国家经济的提高都发挥着至关重要的作用。关于信任的定义很多，多数包含着两个因素，即“对预期结果的信心”和“对脆弱性的接受意愿”。从形成来看，信任既包括微观层面的心理干预过程，也包括宏观层面的制度设置。在微观层面上，Das 等认为，信任包括接受不同形式的脆弱性，这种脆弱性基于对他人诚信和能力的信任。诚信信任是指即使在有投机动机和机会时，当事人仍然遵循道德责任和义务，把集体利益摆在个人利益之上；而能力信任是指一方具有按照对方要求和预期完成某一行为的专业知识和能力。Hartman 在此基础上增加了直觉信任，即建立在对他人印象上的直觉和情感。也有学者从信任的程度来区分，包括计算性信任、知识性信任及认同性信任等。在宏观层面上，Hummels 等认为，信任能够在法律制度和正式程序的基础上得以建立，即制度信任，制度信任对组织正常运行和组织间关系的维系有重要作用。综合前人的观点，Wong 等将项目组织中的信任定义为参与者一方对其他合作者的可靠性和诚实度有充足的信心，主要包括基于制度的信任、基于认知的信任、基于情感的信任，并通过实证验证了其有效性。

信任作为合作的基础，事实上也是所有交易问题的中心问题。Max Weber 认为，只有在人与人之间建立有广泛信心和信任的前提下，财物交易才可能发生。由于人类的认知能力受限，对于他人的动机以及内在变化和外在变化都不能及时完全地掌握，信任便是弥补人类认知和预见能力受限的一种方法，它能理性地解决信息不对称的问题。根据现有的研究，在影响企业合作关系的诸多要素中，合作成员之间的相互信任起到了关键的作用，它既是合作关系的重要前提，也是合作能够成功的首要推力；同样，合作失败的主要原因往往也是因为信任的缺失，造成信息不对称随之带来问题。工业聚集区中各主体交互行为较为复杂，信任对于工业区内的合作行为显得尤为重要。

二、工业园区信任维度

根据各自对信任定义的不同理解，许多学者对信任的决定因素做了研究。Ben－Ner 和 Puttermer 认为，信任由一方判断合作方的可信度来决定。Bohnet I. 和 R. Zeckhauser 研究了在建立信任后其中一方的心理学背叛成本将决定信任的行为。Ho 和 Weigelt 则认为，信任是基于对未来获得期望利益的判断。Ashraf 等认为，信任是基于社会价值观的一种无条件善意。Ozer 则认为，信任是依赖被信任方汇报的信息。Rousseau 等得出结论认为，对于不同环境下，信任的作用至关重要。以上关于信任的研究大多基于单一维度，而在近年来很多学者开始尝试多维度的角度来研究信任的作用。Ring 认为，信任包括不稳定信任和可恢复信任，其中，不稳定信任是指信任方基于被信任方的可信度和信任的回报而建立的信任，如果双方彼此了解，那么这种信任易于建立，如果双方并不熟悉，单纯的信任会产生巨大的风险，因此并不能解释研究文献对于信任的判断；另一种信任是可恢复信任，指的是基于经济因素考虑下的信任，这种信任可以解释之前关于长期稳定合作的信任关系的研究。Berg 等则从信任的两个维度来对信任做了研究：一是信任的决定因素；二是社会文化对于信任的影响。类似的是，Das 和 Teng 也将信任分为能力信任和善意信任，并对此做了研究。Larzelere 和 Huston 则更近一步，他们认为定义包含三个方面的属性：①善意属性（对于其他人或团队的尊重）；②诚实属性（言行一致的诚意）；③能力属性（有能力且有信誉）。

非经济因素在信任中也有一定的作用，有些行为经济学的研究发现在处理与他人的信任关系时，未必总是以利益最大化为考量标准。Rabin 研究了公平性均衡的概念，其思想基于“以德报德，以牙还牙”。Charness 和 Rabin 讨论了一个模型：人们牺牲自身的利益去关注他人的利益，特别是牺牲自身的小部分利益，惩罚那些不公平的成员。Bolton 和 Ockenfels 通过实证研究发现，人们关注得更多的是成果的合理性。Fehr 和 Schmidt 研究发现，有很多例子表明人们比之前许多标准的自利模型中更加具有合作意识，同时也发现有很多相反的例子，表明人们的行为看起来是完全自私的。他们指出，人们的这种做法取决于经济环境的影响，这种影响决定他们的公平类型或自私类型，从而指导他们的行为。Levine 的研究中将人分成两类：恶意的人和无私的人。有一篇对于无私的研究来自 Ho 等，他们研究了 6 个对于市场很重要的行为经济学模型。特别的是，Cui 等将公平性的概念引入传统的动态模型中来研究公平性如何影响模型的协调。他们发现当成员关注公平性时，制造商可以通过一个简单的批发价合同获得最大化的模型利益。根据文献分析与整理本书在结合实际与理论的基础上，选择基于制度、认知、感情三个维度的信任作为研究标准，具体因子如图 4－1 所示。

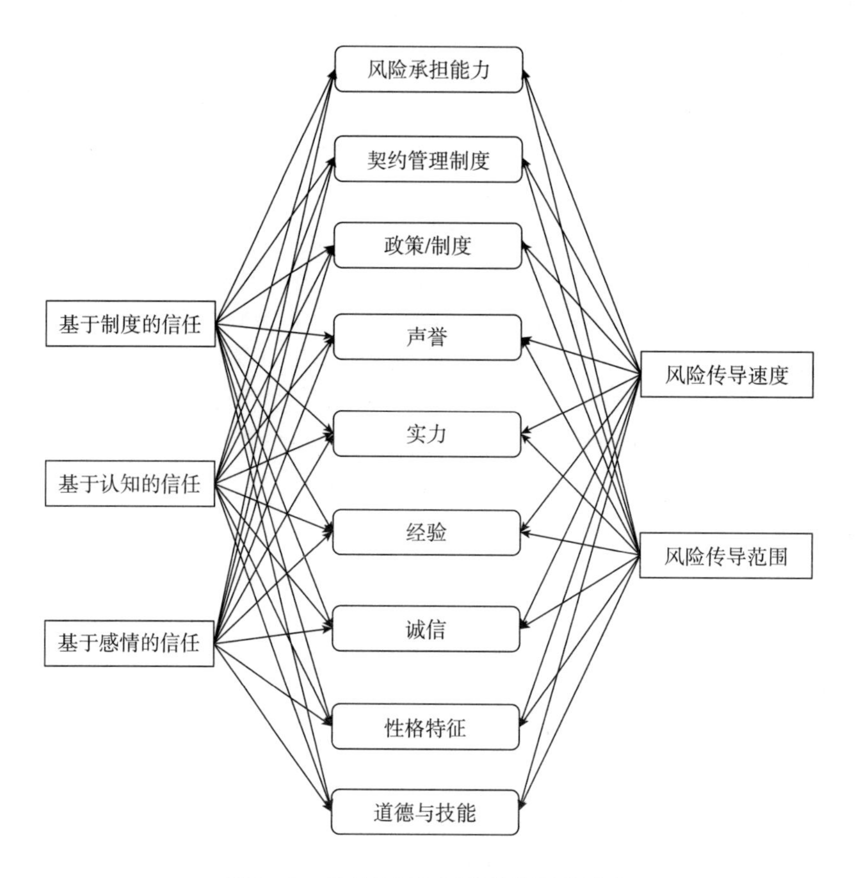

图 4－1 信任机制与风险传染互动影响

三、要素识别

1. 诚信

诚信是一种心理状态，是信任双方能够为了公共利益最大化，选择相互信任对方。如果集群企业间某一企业家先天具有善度、诚实、守信的品质特征，这样的企业家或者管理者在“Y 人性”假设的基础下进行合作时，不仅主动相信合作伙伴是可以共同战斗的战友，也会给对方留下良好的合作态度及形象，进而促进信任机制的建立。

2. 性格特征

企业家或者管理者独特的性格特点是由他所处的特定环境以及他所接受的文化教育和成长经历造就的，这往往在很大程度上决定他们的信任态度。信任态度是双方选择相互信任的一种初始趋势，即信任倾向。管理者在“X 人性”

假设基础下一般会形成多疑的个性，这种多疑的个性很容易引起合作中的猜忌和不信任，严重影响先天性信任的建立。其取决因素有两方面：一是家族遗传因素导致的结果，如果企业家族成员大多具有猜忌的倾向，那么这个企业家在管理中对员工的行为就会表示出不信任的态度。二是个人的成长或社会经历导致的结果，如果在其成长或者之前工作的环境里到处充满钩心斗角、猜忌等现象，或者领导直接诱导其从事作假、欺诈行为，那么他在企业管理中也会采取前任的做法。因此，企业家们应该不断地提高自我认知能力，摒弃多疑的个性。

3. 经验

Lindskold 把经验当作一个影响人与人之间相互信任的因素。合作伙伴之间的经历也是影响企业间再次合作的重要因素，曾经的合作经验对伙伴的选择起重要作用。合作中的愉快经历和不愉快经历不断积累，积极的经历与形成信任建立呈正相关关系，不愉快的经历反之。具体采取什么信任机制，需要企业不断进行权衡分析。历史的合作博弈行为的次数也是影响信任关系的重要因素。如果集群企业间在起初合作时签订了合作合同，且具有较长的有效期，那么在可以预见的短期内合作双方可以维持良好的信任关系，且发生机会主义行为的可能性也会偏低，此时博弈双方有利于逐步建立稳固的信任关系；反之短期合作期限形成的信任合作关系则会比较脆弱。

4. 声誉

声誉是信任建立的良好前提基础。合作企业可以通过互信、自制和诚信合作，降低争执矛盾发生的概率，并对外形成良好的企业声誉。如果管理者或者企业家在合作时为了避免被背叛的风险，永远持猜疑和不信任的心态，进而选择不合作，仍然是在告诉外界自己是非合作型的，因此可能会失去合作所带来的巨大收益，对外形成非合作的形象。如果企业在历史的合作过程中出现不守信现象，这也不利于企业建立良好的声誉，不利于形成历史性的信任。

5. 实力

在影响信任的因素中，企业的实力是一个关键性因素，换种说法就是指能力。Mayer 等认为，如果一个主体（包括个人与企业）拥有的过硬技术是区别他人的竞争优势，那么就说明单个主体具有能力。任何企业在选择合作时都会首先建立彼此的信任，那么什么会成为影响这种信任的初始因素呢？首先，要看对方在合作项目中是否有能力担任经营任务；其次，在考核对方这种能力时，要考虑这种在自身熟悉的领域环境下的能力，能否在其他非自身专业的领域下也展现出超乎他人的能力。这是因为往往特殊领域的能力在其他非专业的领域中却几乎不具备任何特殊的才能和优势。选择合作并建立伙伴关系的企业，一旦合作项目推进，它们的各个方面的技术和知识能力就被联系在一起。因此，建立合作关系的信任双方都有完成合作项目的期望，都必须有理由相信对方有执行其行为、完成交易的欲望和能力。此外，为了确保企业自身在市场上的地位和声誉，要重点建立自己的核心竞争力，并在维护过程中不断加强，这样才能在合作业务伙伴间建立信任方面立于不败之地。

6. 风险承担能力

人们生活的社会环境是一个充满各种不确定因素的复杂多变的环境，其中免不了要面对不确定因素所带来的各种风险，这就需要个人具备一定的风险承受能力以维持正常的生活。一个人的成长经历、教育水平、工作状况、财产因素等都是衡量风险承受能力的变量。相似地，企业商务风险承受能力是与其所拥有的资源相关的，如行业地位、产业品牌、股价市值等，这些对集群企业间信任的形成具有很大的影响作用，社会资源拥有得越多，其承受能力就会越强，则更有利于相互之间的信任。

7. 道德与技能素养

在产业集群企业间成员企业在建立合作伙伴关系时，便对自身做了明确的角色定位。在项目合作过程中，如果没有根据自己的角色行动，如临时撤资这种职业道德素养的机会主义行为，或者没有充分履行自己提供的知识和技能服务的职责等，所有这些都会使角色信任降低或丧失。

8. 契约管理制度

产业集群企业在建立合作关系时，首先都会通过签订合作协议，也就是契约来确定信任关系。制定和完善合理有效的契约是提升信任的一种有效的方法。它在一定程度上可以使产业集群内的企业在合作收益分配上合理，为长期的信任合作关系的维护提供保证。契约管理制度作为产业集群间合作成员企业进行管理的手段，当合作项目中出现一方违规、逃避责任或其他的机会主义行为时，也会直接影响企业间不信任的产生。以制度来维系成员企业之间的信任是提高信任水平的有效手段。公平性产业集群企业在建立合作关系时，根据参与项目的程度和权重要求合作过程中保持公平性。公平是人们的一种主观臆断，它与考核方法及个人所持的公平标准有很大关系，此外情感因素的存在也会左右一个人的判断。对合作企业间的交易来说，公平性主要表现在权利和利益分成上。所谓权利公平是指企业在合作项目中所能做决策的方面和权利要合理公平。与权利公平直接相关的利益分配问题，一般情况下，集群企业中有一个主导企业制定合作契约与政策制度，而集群内决策权重不大的附属企业就会更加看重这种利润分配是否合理公平的问题。如果出现因为权利不公影响收入不公，企业间的合作活动必然会受到影响，不利于长期信任关系的维系。

四、工业园区企业间信任的产生机理

1. 信任机制的实质

企业间的关系按照区别角度不同，分类呈现多样性，如产业关系和市场关系，信任关系和不信任关系，合作契约关系与非合作契约关系等。契约关系是本书研究的重点。针对合作中的这种关系，又将其归纳为正式的契约关系和非正式的契约关系两种。正式契约关系主要依赖一些正式的书面条款，对企业间的关系进行约束，并对企业合作方的行为进行监督控制。然而非正式契约关系是一种看不见的契约，只是一些口头上的信任与承诺，没有明文规定，主要以信任机制为管制的基础。非正式契约既受文化价值观的影响，也是市场交易的动态博弈结果，各建立方自行承诺、自愿付出，表现出对对方不会损害自身利益的信赖。

信任机制是对企业间相互关系的一种管理制度。Uzzi（1997）指出，信任是嵌入关系的一种治理机制。信任机制作为集群企业间合作的一种隐形契约，其核心是参与者愿意承担欺骗、背叛带来的短期损失，而是为了获取长远更大的利益。产业集群是一些业务关系密切、彼此相互影响的企业大量聚集的现象，集群内企业的关系相对更加复杂，基于信任而建立的合作伙伴关系大多属于非正式的。由于人是有限理性的行为人，难免有为了自身利益而发生机会主义的可能。信任机制可以成为内生的一种自动履行机制，可以减少不确定性的因素带来的风险和背叛者机会主义行为，缩减交易成本，促进企业合作，产生集体效率。因此，集群企业间的信任机制的实质就是对产业集群内的非正式契约关系进行管治活动，是集群高效运行的基础。

2. 信任的产生过程

培养产业集群企业间良好的信任关系，需要建立相应的信任机制以保证相互信任的产生。产业集群企业间信任机制的建立主要基于企业间的规范、内部制度及外部市场环境的建设，并在长期交易中用自己的行为、态度贯彻这些规范、制度和承诺，最终形成非正式约束的隐性契约。可见产业集群企业制定的规范、制度和合作协议是初步建立在信任机制的基础上的。此外在信任机制产生过程中，集群企业选择合作企业时，会考核对方的历史声誉、社会背景、企业实力及企业文化等方面，如若声誉良好、实力雄厚、社会背景及文化相近是企业间信任机制建立的重要影响因素。以下是在影响因素的作用下论述园区企业间信任的产生过程：产业集群企业间信任的建立过程需要经历初始信任阶段（一次博弈）、信任发展阶段（重复博弈）和信任形成并维护三个阶段。第一阶段是初始信任阶段。此阶段交易双方从未有过任何交易历史，对对方信息的掌握完全不确定，主要依赖契约约束进行一次博弈。在这一次博弈中，如果企业在考虑长远发展及整体利益的情况下选择遵守约定的诚信策略，初始信任便由此产生。反之，如果双方中的任意一方为了实现自己利益的最大化，选择背叛、欺骗等投机行为策略时，企业间的一次博弈就陷入囚徒困境，这种机会主义的行径最终导致信任机制的永久丧失。

第二阶段是信任发展阶段。信任的产生仅仅依靠一次博弈远远不够，只有经过连续的行为，才能使初始建立的信任得以不断地强化。所以，企业在考虑了未来收益贴现的情况下重复多次博弈活动，以期实现合作伙伴间信任不断发展。

第三阶段是信任形成并加以固化维护阶段。通过不断地博弈，产业集群企业在长期合作中建立良好的声誉，形成一定程度的信任，企业间的关系达到了平稳发展期。为了防止机会主义行为的发生，信任关系需要不断地维护才能实现利益共同体的“双赢”“多赢”。

通过以上分析，发现信任机制主要有三种演化形式：基于威慑的信任、基于认知的信任、基于共识的信任。基于威慑的信任常见于初始信任阶段的一次博弈中，这种阻吓的威慑力是基于企业最初建立的规范和约束制度而产生的。基于认知的信任常见于信任的发展阶段，此时的信任影响因素包括诚信、正直、能力及经验和长期形成的声誉。随着重复博弈中信任的发展，集群内企业对成员的能力、文化氛围及经营理念不断地认知并认同。最后为了维护形成的信任，合作方分享知识及经营理念，形成共同的目标，以实现产业集群的高收益、高效率运作，这种基于共识的信任便发生在信任的形成和维护阶段。这一阶段企业通过不断的知识共享实现共识的认知和意识，主要受到知识共享前提的影响。

第二节　工业聚集区企业间信任机制的模型设计

工业聚集区企业间的信任关系属于一种组织间的相互信任。它不是基于一次交易而形成的不稳定脆弱的信任，而是一种长期持久的合作信任。截至目前，对园区企业间信任关系的研究主要是从定性角度去考虑的，很少从定量角度对其进行演化分析。实际上，这种信任关系随着时间的演化，既可能向积极方向发展，也有可能向消极的方向演化。

通过引用复制动态微分方程，本书建立了聚集区企业间信任关系的演化博弈模型。此外，研究还在此基础上提出了这种信任关系的演化路径和结论，以及一些策略建议。

一、演化博弈论的适用性

演化博弈论起源于20世纪60年代的生物进化论，是一种把博弈理论分析和动态演化过程分析结合起来的理论。它的基本思想是在有限理性的基础下，参加者在一个确定规模大小的博弈组织中不断重复博弈行为。区别于传统的博弈理论采取“完全理性”的假设，演化博弈论是建立在有限理性的基础上分析博弈过程的。演化博弈论区别于博弈论的重点，是强调动态的平衡。因此，演化博弈论相信，并不是每一次博弈都可以达到最优、最理想的平衡点。相反，参加者通过相互模仿，提高策略来获取一些相对稳定的平衡点或者多样的制衡点。产业集群是一个特殊、复杂的集群产业，这个网络组织内企业依靠各种社会关系（文化、社会资本、信任）和经济关系进行各种活动，实现企业间信息知识、能量等的交流，进而实现产业集群不断地强劲成长。这就需要在产业集群企业间建立良好的信任关系，这种信任关系实际上是有限理性和不确定性的一个过程，同时企业间的不同策略相互影响、相互制约。有限理性假设下的演化博弈论的核心概念：复制动态模型和演化稳定策略，适用于分析产业集群企业间的信任关系。所以，本书通过整合信任关系的影响因素，在非对称复制动态的演化博弈中，从风险、盈利能力和知识水平差异影响因素方面，分析产业集群企业间的信任关系。只有产业集群企业间信任关系得以加强，企业间才更有利于知识共享，并降低知识创新的风险，进而以此最大化各自的利益。

二、模型构建

1. 问题描述及假设

第一，假定主体为工业园区内的两个企业，用 $i(i=1，2)$ 表示，T（Trust）表示信任，C（Cheat）表示欺骗。假定 x 和 y 分别表示参加者 A 和 B 采取信任策略的可能性大小，参加者 A 和 B 选择不信任策略的可能性分别是（$1-x$）和（$1-y$）（$0\leq 1-x\leq 1$，$0\leq 1-y\leq 1$）。可能性 x 和 y 也可以被理解为企业选择或者支持信任策略的比例。

第二，$\pi i(i=1，2)$ 分别代表企业 A 和 B 选择采用不信任策略的正常盈利。$ai(i=1，2)$ 分别代表企业 A 和 B 所拥有的知识和能力。$Ri(i=1，2)$ 分别代表两个企业在选择相互信任对方时，从另一方面学习新知识的能力。那么 $r1a2$ 和 $r2a1$ 分别代表两个企业在相互信任的前提下所得到的额外收入。

第三，$li(0<li<1)$ 代表信任对方的风险水平。$l1a1$ 和 $l2a2$ 表示相互信任时企业所花费的最初成本。一般情况下，在相互信任的基础上，企业的额外收入要大于最初成本，也就是说，$r1a2>l1a1$ 和 $r2a1>l2a2$。那么参加者的盈利有四种假设结果：

H4－1：企业 A 和 B 均选择信任策略 T，交易的结果是 A 盈利。

H4－2：企业 A 选择信任策略 T，企业 B 选择欺骗策略 C，交易的结果是 A 盈利。

H4－3：企业 A 选择欺骗策略 C，企业 B 选择信任策略 T，交易的结果是 A 盈利。

H4－4：企业 A 选择欺骗策略 C，企业 B 也选择欺骗策略 C，交易的结果是 A 盈利。

2. 工业聚集区信任风险控制机制构建

工业聚集区内企业针对其所面临的信任风险情况，应结合企业现有风险管理制度，充分考虑构建工业聚集区违约风险控制机制的基本要求，建立符合聚集区内企业风险管理实际的信任风险控制机制。完整的聚集区信任风险控制机制应包括以下几部分内容：

（1）风险预警制度。风险预警制度是根据工业聚集区内企业所处生产交易环境的特点，通过全面收集相关资料信息，对风险因素的变化情况进行实时监控，最终向决策者发出预警提醒的风险控制机制。通过建立工业聚集区违约风险的评估体系，综合考虑影响企业达到目标的众多风险因素，结合企业风险承受能力及风险偏好，对风险进行预控，进而降低工业聚集区违约风险发生的可能，并将风险对工业聚集区生产活动造成的影响降至最低。

（2）应急计划及补救制度。在风险预警制度的基础上，工业聚集区节点企业应制定符合企业风险管理实际的风险应急计划及相应的补救措施，降低损失对企业造成的不利影响。通过对可能引发风险的事件进行事先安排，确保风险发生后，采取相应的风险控制策略，企业可以迅速恢复正常运营，保持其生产的连续性，进而降低其在业务、信誉等方面的损失。

（3）风险免疫监测制度。由于工业聚集区违约风险发生的不确定性、复杂性、难以预测等特点，工业聚集区违约风险控制应是一个不断循环、动态监测的过程。风险管理者应对工业聚集区所面临的违约风险进行实时监测，当采取风险控制措施处理风险后，相应的风险管理流程再次回归风险识别，继续对工业聚集区潜在风险进行分析、识别、评估、防范，进而形成对风险的持续免疫。

3. 工业聚集区信任风险控制策略

经过上述分析，了解到集群产业企业间的合作过程是充满不确定性和复杂性的。为了促进企业间的相互信任，本文主要从以下三个方面提出政策建议。

（1）针对聚集区整体。为了使聚集区生态违约风险传染的控制更有效果，使生态环境保持稳定、高效的运行状态，聚集区企业应提供相应的条件、政策及

程序来规范供应链节点企业的行为，从聚集区整体的角度出发进行生态违约风险控制。

1）建立风险预警机制，加强企业规范化管理。一方面，供应链中节点企业对其现有的风险预防策略进行全面的检查，识别风险因素，从而有针对性地制定风险预警机制，完善现有基础设施，消除不稳定因素，阻断违约风险的传染源。另一方面，节点企业通过建立规章制度、操作手册等方式，使企业的风险管理有章可循；并对企业员工进行定期培训，通过风险管理知识以及操作规程的培训，树立企业员工的风险意识，以减少由于人为风险因素造成的损失，从而规范企业的生产经营环节，降低违约风险发生的概率。

2）衡量风险发生概率，合理选择风险控制方案。供应链节点企业可以充分利用现有风险度量模型，并结合企业实际情况，对其风险发生的概率以及损失程度进行初步的计算，在综合考虑企业自身的风险承受能力的基础上，对风险回避、损失控制、风险转移及风险保留等风险控制方案进行科学的、合理的选择，将其作为企业生产经营方案选择的一项重要依据。

3）动态调整风险控制策略，提高企业风险免疫能力。由于供应链违约风险产生的不确定性以及多样性，使供应链网络节点企业需要及时更新和完善其现有风险应对措施，以降低丧失风险免疫能力的概率，形成对风险的持续免疫。

（2）针对企业个体。聚集区成员企业间的信任机制建立在相互信任的基础之上，对其评估则依托于社会的信用体系，通过完善对企业的信用评估制度，可以有效规范企业行为，进而减少违约事件的发生，对于生态违约风险控制具有重要的意义。

1）优化合作伙伴选择，促进成员企业间的沟通与理解。作为供应链风险管理的重要环节，供应链网络应加强对上下游各企业的关系管理，通过对关联企业的信用、运营等情况的综合考量，进行合作伙伴选择；对于长期、紧密合作的节点企业，可以发挥合作竞争优势，建立战略伙伴关系，实现企业间的利益共享、风险共担。同时，应将供应链视为各环节紧密相连的整体，进而通过密切协作，发挥供应链的核心竞争优势。

2）增强信息共享程度，提高信息传递速度。增强供应链上下游节点企业间的信息交流以及信息共享程度、加快信息在供应链中的流通速度，可以有效避免“牛鞭效应”的发生，不仅增强了供应链的协作意识和企业运作效率，而且实现了对外部需求的快速响应，进而提高供应链的竞争力。

3）整合运作流程，保持整体弹性。由于供应链网络的复杂性，在其面临突发事件时难免会对供应链整体带来较大的波动，因此，为了使供应链在突发事件发生时迅速恢复到正常绩效水平的运营能力，供应链网络应完善现有业务流程，在考虑效率的基础上，兼顾整体的弹性。

4）增加企业退出成本，提高企业间的信任程度。作为各节点企业紧密合作的组织形式，节点企业的退出对整个聚集区生态网络的影响是巨大的，因此，为了有效应对生态违约风险，应加强对上下游节点企业的控制，增加企业的退出成本，提高聚集区生态网络节点企业的忠诚度和信任意识，降低违约风险的发生概率。

（3）针对政策制度。为了使聚集区生态违约风险传染的控制更有效果，使生态环境保持稳定、高效的运行状态，聚集区管委会及政府应提供相应的条件、政策及程序来规范供应链节点企业的行为，从政策制度的角度出发进行生态违约风险控制。

1）建立企业信用评估制度，约束企业行为。在现有社会信用体系的基础上，通过对供应链节点企业的经营状况、财务状况以及偿债能力等的综合考量，客观、公正地做出对供应链节点企业信用状况的完整评价，并利用互联网建立企业信用档案，一方面有利于企业在选择合作伙伴时进行参考，另一方面也有助于企业的自我约束，减少败德行为的发生，进而控制供应链违约风险发生的概率。

2）完善激励机制，实施信用奖惩制度。通过在全社会对企业信用情况进行披露，对守信企业进行奖励，对失信企业进行相应的惩罚，不仅可以规范供应链节点企业自身的行为，降低违约风险的发生概率，而且使守信的节点企业获得更多的市场优惠政策，获得竞争优势。

第三节　结论

本书以工业聚集区企业之间的信任机制为研究对象，建立工业聚集区企业间信任关系的博弈演化模型。在工业聚集区和信任的相关理论与文献综述下，提出信任机制的产生机理，包括信任机制的实质、产生过程、影响因素和作用机理。研究现存信任模型在工业聚集区企业间信任关系的定性分析，并在此基础上，通过引用复制动态微分方程，从全新的定量角度构建工业聚集区企业间信任关系的博弈演化模型。通过研究，本书的主要结论如下：

（1）工业聚集区企业信任机制的产生机理。从企业间信任机制的实质和产生机理出发，分析集群企业间的信任机制对集群发展的影响，了解信任的重要性及建立全面的信任评估模型的迫切性。

（2）工业聚集区企业间信任机制的影响因素分析。根据 R. M. Kramer

（1999）先天性信任、历史性信任、以第三方为中介而建立的信任、相同社会范畴信任、角色信任和社会规则信任六种类型信任模型，从六个角度分析信任的不同影响因素。

（3）不同影响因素下工业聚集区内的信任模型分析。从传统的威慑化信任机制、博弈机制、声誉机制以及知识共享信任化机制四类模型，分析不同影响因素角度下工业聚集区企业间的信任模型。

（4）建立工业聚集区企业间信任关系的博弈演化模型。通过分析演化博弈论在工业聚集区企业间的适用性，研究企业间的信任关系向相互不信任和相互信任的平衡状态演化过程，并得出相应的策略建议：通过降低风险系数，提升营利能力，以及减少企业间的知识水平差异来增加企业采取相互信任策略的概率。

第五章　信任驱动要素对风险传染阻滞影响研究

信任驱动要素阻滞影响研究假设的提出：以信任的驱动要素以及生态风险传染阻滞效果为潜在变量构建理论概念模型并绘制路径图。采用元分析方法对目前关于信任与生态风险传染状态的文献进行定量化分析，找出与生态风险传染显著相关的驱动要素的表征指标，并验证指标组合的合理性，以编制出信任驱动要素的综合测量量表。

第一节　研究模型构建

回顾前人的研究模型，将有助于本书模型的构思。本节将在已有的经典模型基础之上，充分考虑信任于生态风险的特征的前提下，提出本书的研究概念模型。

一、相关研究模型

1. 理性行为研究模型

工业聚集区生态风险被认为是人为生产过程中对所处工业聚集区生态环境的过度消耗和损害，而生态风险传染则是由于信任受到影响之后的一种行为结果。

理性行为理论模型用于预测和了解人类的行为，该理论模型认为，个人的某些行为表现是由其行为意愿所决定的，而行为意愿又被个人对生态治理的态度和主观规范所决定。期间的具体关系如图 5－1 所示。

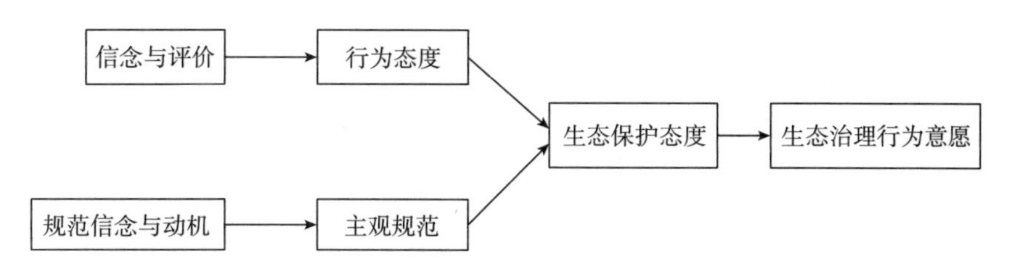

图 5-1　行为理论模型

其中，信念与评价是指个人对某行为可能发生的概率、产生的结果及其价值的评估；规范信念与动机是指个人感受到的外界的期望或规范性信念与个人顺从其期望的行为动机；行为态度指个人对行为的正面或负面的感受和评价；主观规范是指个人通过外界行为标准、期望和规范形成的行为准则；行为意愿指个人表现出某特定行为时所展现出的意愿强度。

2. 技术接受模型

技术接受模型由 Davis 在理性行为理论模型的基础上发展而来，它可以作为评价企业是否采用环保的生产工具，如图 5-2 所示。该模型舍弃了理性行为模型中的主观规范，研究使用者对某系统感知到的有用性、感知的易用性、使用态度、行为意愿以及系统使用之间的关系。

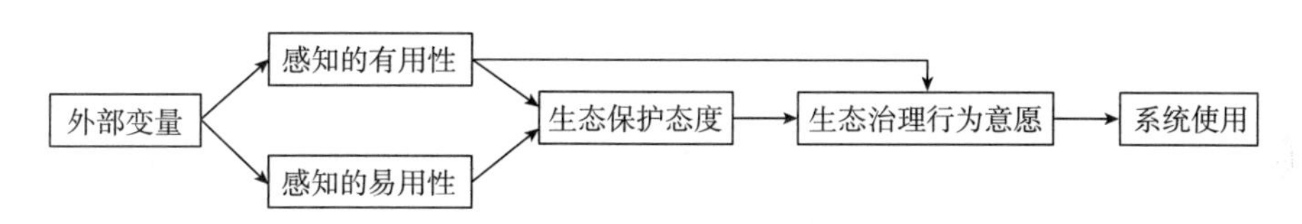

图 5-2　技术接受模型

技术接受模型认为，系统使用受到使用者行为意愿的直接影响，而行为意愿又受到使用态度的影响，感知的有用性和感知的易用性共同决定使用态度，另外，感知有用性也对行为意愿有一定影响作用。

3. “信任—质量—生态”链模型

“信任—质量—生态”链模型认为，工业聚集区生态环境的关键在于企业间的信任，而企业间信任由生态感知价格和生产材料共同决定。其中，生产材料是容易被竞争对手模仿和学习到的，一旦低价、高污染的生产材料使用规模扩散，将严重影响整个工业聚集区的生态环境。在“信任—质量—生态”链模型中，质量由合作企业的可靠性、响应性、保证性和移情性构成，而企业生态价值感知主要由生产过程的可获得性生态价值、生态购买价值、生产过程排放和使用后污染排放共同构成。具体如图 5-3 所示。

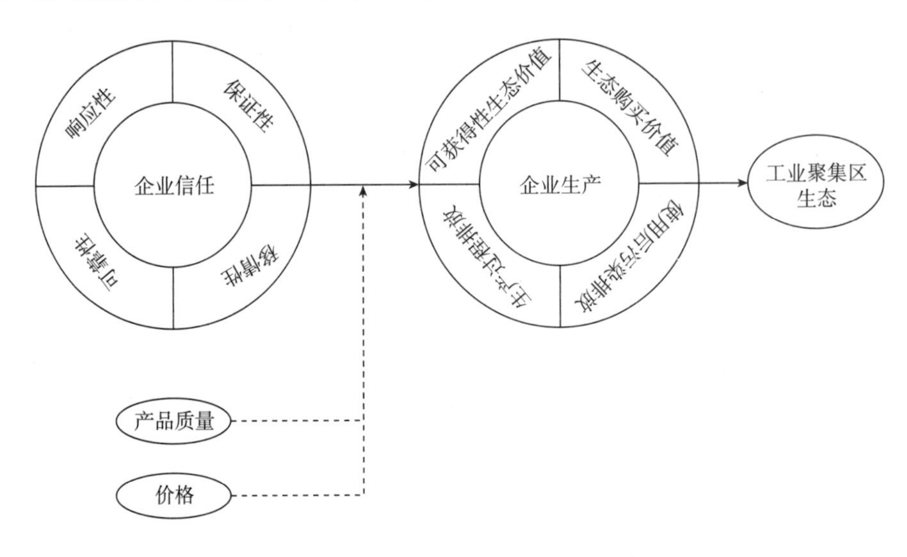

图 5－3　“信任—质量—生态”链模型

4. 企业信任、生态认知、生产行为、生态风险关系模型

本书将企业信任、生态认知、生产行为、生态风险结合起来，提出了四者之间的模型，如图 5－4 所示。模型表明，生产行为受到企业信任和生态感知的影响，而企业信任没有对生态风险构成直接影响，只是通过信任间接地影响。

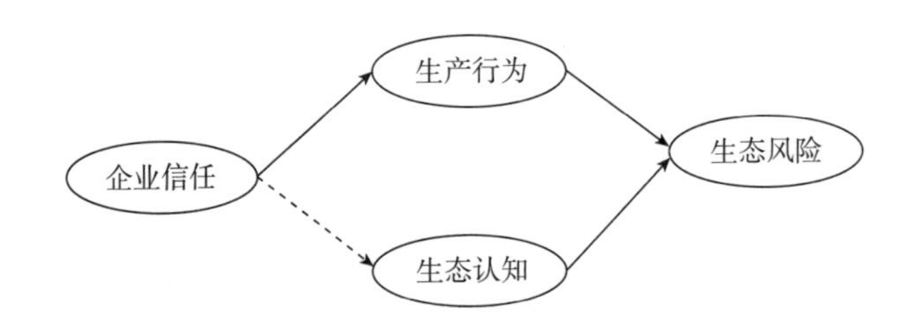

图 5－4　企业信任、生态认知、生产行为、生态风险关系模型

二、研究模型构建

本书在理性行为研究模型、技术接受模型、“信任—质量—生态”链模型以及对企业信任、生态认知、生产行为、生态风险关系探索的基础上，构建了信任驱动要素对于生态风险阻滞影响的概念模型，模型如图 5－5 所示。

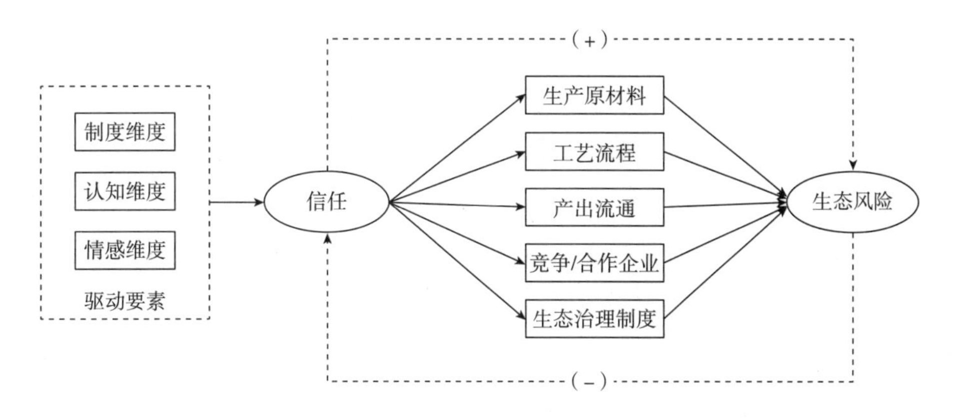

图5－5　概念模型

在概念模型中，工业聚集区内企业间信任对聚集区生态风险传染本无直接影响，然而通过信任驱动要素对于企业生产活动和商业活动的渗透，导致生产环节对生态风险造成影响，因此本模型以信任为源头，探寻渗透基于制度、认知和情感三个不同维度的企业活动带来的信任变化对工业聚集区生态风险带来的影响。

第二节　研究假设

根据上述初始的概念模型，就本书制度、认知和情感等维度之间的关系假设如下。

H5－1：基于制度的信任对生态风险传染有直接的正向影响关系。

H5－1a：政策/制度影响信任对生态风险传染有直接的正向影响关系。

H5－1b：契约管理制度影响信任对生态风险传染具有正向影响关系。

H5－1c：风险承担能力对生态风险传染具有正向影响关系。

H5－2：基于认知的信任对生态风险传染有直接的正向影响关系。

H5－2a：声誉因素影响信任对生态风险传染有正向影响关系。

H5－2b：经验因素影响信任对生态风险传染有正向影响关系。

H5－2c：实力因素影响信任对生态风险传染有正向影响关系。

H5－3：基于情感的信任对生态风险传染有直接的正向影响关系。

H5－3a：诚信因素影响信任对生态风险传染有正向影响关系。

H5－3b：性格特征因素影响信任对生态风险传染有正向影响关系。

H5－3c：道德与技能修养因素对生态风险传染有反向影响关系。

第三节　变量计量

通过对国内外已有的研究成果进行分析，分别对生态治理整合、信任度绩效、生态服务质量以及企业绩效四个研究变量的测量指标进行设计，进而检验它们之间的相互作用关系。各研究变量的测量题项的设计主要考虑以下几个方面：第一，直接引用在国内外的参考文献中已经出现的，而且经过实证研究证实的测量题项；第二，借鉴国内外已经展开的相关研究，并结合本书的研究目的及中国工业聚集区生态治理的实际情况，进行修改的测量题项；第三，通过与研究相关领域的专家交流，并结合部分企业访谈结果所获得的测量题项。

一、生态治理整合衡量量表

工业聚集区生态治理整合关注于工业聚集区、服务企业以及顾客三个构成主体的整合，尤其是工业聚集区和服务企业的整合。由于流程整合和信息整合对服务型制造网络整合具有重要作用，因此，进一步将聚集区生态治理网络整合分为流程整合和信息整合。为实现生态治理的价值和需求，为了便于调研和分析，我们以工业聚集区为研究对象来进行量表的设计。

综上所述，本书对生态治理整合变量进行衡量的量表如表 5 –1 所示。

表 5 –1　生态治理整合衡量量表

构思变量	变量问项
企业与工业聚集区的整合	
信息整合	企业构建了与工业聚集区进行生态信息共享的网络
	企业建立了快速有效的生态保护系统
	企业建立了有效的生态服务管理信息系统
流程整合	与生态高风险企业建立战略联盟
	在设计、采购与制造流程中聚集区生态因素占较大比重
	定期与生态高风险合作企业对流程整合的效果分析
企业与顾客的整合	
信息整合	企业构建了与顾客进行信息共享或者交换的网络
	企业能提供方便聚集区其他企业访问的生态信息系统
	企业建立了有效的生态风险防治信息系统

续表

构思变量	变量问项
企业与顾客的整合	
流程整合	企业在战略上针对不同生态风险提供合适的应对措施
	与聚集区企业联系以获取对生态治理的反馈
	定期对聚集区进行跟踪调查，了解生态风险传染动向
	定期向聚集区其他企业传达企业生态发展方向

二、信任度绩效衡量量表

拟采用工业聚集区内各企业对工业园区活动的信任度和生态环境满意度两个维度来测量企业信任绩效状况。当企业生态满意度的水平提升到取悦的程度的时候会使企业产生信任的状态。虽然企业信任度的产生并不以企业满意为充分必要条件，但相关的研究表明，企业信任度和企业满意度之间有很强的相关关系，以致将两个指标看作一个构念。所以同时采用企业信任度和满意度来评价企业信任绩效是可行的。企业满意度维度的测量主要关注企业相对于竞争者的整体满意水平。企业忠诚度是企业对园区生态长期奉献和维护的表现。从另外一个角度来看，就是企业对该工业园区未来生态考虑的可能性较大，或者是企业对工业园区生态环境破坏的可能性较低。目前，专家学者们主要从企业的心理和行为两个角度来对企业信任度进行测量分析。同时，测量的指标和题项经常会采用守约意向、长期守约率、违约敏感度三个指标。因此，我们可以通过企业信任程度和企业忠诚度对顾客绩效进行评价。

综上所述，采用的信任绩效衡量量表如表5－2所示。

表5－2　信任绩效衡量量表

构思变量	变量问项
生态满意度	企业对工业聚集区生态环境整体的满意水平
守约意向	企业在完成生产后，选择履行对工业聚集区生态污染治理的约定的意向
长期守约率	企业由于长期提供生态保护服务，生态保护成本上涨后企业对聚集区履行生态治理约定的概率
违约敏感度	企业违约次数对其他企业与其生产合作的影响程度

三、生态服务质量衡量量表

在国内外的文献中，通常应用服务价格、生态治理成本、环保生产成本和柔性等指标对生态服务质量变量进行衡量。本书扩展了以上指标，描述了一个生态服务信誉的研究框架，确定了以下五个维度：竞争性价格、生态服务溢价、提供给合作企业的产品品质、可靠的生产和治理创新。这些维度也得到其他学者的认可。许多研究者还认为，沉没成本是未来生态服务质量的重要影响因素。

通过比较分析，考虑采用的生态服务信誉衡量包括质量、成本、柔性、伙伴关系、创新五个维度。生态服务质量是指企业能提供的低排放产品服务在可靠性、耐用性和稳定性方面的价值。由于低价与微利时代的来临，合作伙伴对价格的敏感度提高，工业聚集区不得不背负持续降低成本的压力，这更加体现了价格与制造成本对生态服务质量的重要影响。柔性是指企业具有较高的制造服务柔性能力，能提供出满足顾客独特性需求的产品服务。伙伴关系是指工业聚集区与服务企业之间建立的良好的伙伴关系，能保证资源获取和产品销售的稳定性的程度。尽管这项指标在生态服务质量衡量构面中应用较少，但是企业间关系已经逐渐成为企业生态服务质量的来源之一，因此，在工业聚集区制造网络中的企业应该更加重视企业间的合作伙伴关系的建立。创新是指企业能不断地从市场上引入新绿色产品或新生态治理服务，保证稳固的生态服务竞争地位的程度。沉没成本是企业在激烈的市场竞争环境下，降低沉没成本能快速响应市场的变化，可以增强企业的生态服务质量。

综上所述，采用的生态服务质量衡量量表如表 5 -3 所示。

表 5 -3　生态服务质量衡量量表

构思变量	变量问项
服务优势	企业有能力向园区生态提供高质量的生态治理服务
低成本优势	企业有能力向园区生态提供具有价格竞争力的生态治理服务
生产柔性	企业具有较高的生态生产柔性能力，能够提供满足工业聚集区独特需求的服务
创新优势	企业能不断地引进和创新生态治理方法，保证稳固的竞争地位
伙伴关系	企业有良好的伙伴关系，能保证产品服务供给的稳定性
时间优势	企业有能力快速响应生态治理需求，减少制造的前置时间

四、企业绩效衡量量表

本书被调查者对自身的绩效进行主观直感判断的方式来衡量企业的经营绩效。通过对企业经营绩效分析可以观察企业信任受企业绩效影响程度，继而探求绩效与生态风险之间的关系。首先，正如 Dess 和 Robinson 所指出的，管理者基于商业敏感或者保密的考虑，可能不愿意透露企业绩效的具体数据，而且匿名填答问卷也会造成使用客观资料的困难；其次，在跨行业的利润绩效研究中，主观绩效指标比客观绩效指标更为适用，这是由于不同行业的利润水平不同，客观指标可能会混淆各因变量与企业绩效的关系，而采用主观衡量指标，就便于管理人员将本企业绩效与行业利润水平做比较。Dess 和 Robinson，Pearce，Robbins 和 Robinson，Venkatraman 和 Ramanujam 等学者的研究表明，客观绩效和主观绩效之间存在很强的相关关系。Brownell 和 Dunk 也认为，没有证据能证明企业内部的管理会计报表、现金流量表、投资回报率等资料会比自我评价的绩效更客观。

以平衡计分卡的理论作为企业绩效衡量的基础，要求企业根据近三年来企业与同业中其他企业相比而言的绩效状况进行自我评价。财务绩效衡量包括总利润、销售利润率、资产收益率。增长绩效衡量包括市场份额增长率、销售量增长率、整体竞争地位。

综上所述，采用的企业绩效衡量量表如表 5－4 所示。

表 5－4　企业绩效衡量量表

构思变量	变量问项
总利润	近三年，企业的总利润水平与同业相比较
销售利润率	近三年，企业销售利润率与同业相比较
资产收益率	近三年，企业资产收益率与同业相比较
市场份额增长率	近三年，企业市场份额增长率与同业相比较
整体竞争地位	近三年，企业整体竞争地位与同业相比较

第四节　前测分析

为了提高本书所设计问卷的效度与信度，在大规模调查之前必须进行问卷前测（Pretest）。前测阶段主要通过探索性因素分析和信度分析两个方面来筛选变量的测量问项。其中，探索性因素分析主要是确定量表的基本构成与问项；信度分析则是用来精简问卷，删除对测量变量毫无贡献的问卷题目，目的是增进每个测量变量的信度。总而言之，前测分析就是要得到精简且有效的变量测量量表。

本节就前测的小样本数据进行描述性统计分析、探索性因子分析，问卷的信度与效度检验，并据此结果对问卷和概念模型进行修改和调整。

本书的探索性研究数据采集采用抽样调查的方式获取，对西青区五大工业园区共发放100份问卷，回收100份，回收率100%，有效率90%。抽样调查的样本具体工业园区分布情况如表5－5所示。

表5－5　抽样样本分布情况

园区分布	发放问卷（份）	回收问卷（份）	问卷回收率（%）	有效问卷（份）
西青开发区	20	20	100	17
学府工业园	20	20	100	20
汽车工业园	20	20	100	18
赛达工业园	20	20	100	15
中北工业园	20	20	100	20
合计	100	100	100	90

一、描述分析

首先，按照样本的性别、年龄、学历等维度对样本进行描述性统计分析。探索性研究样本概况的统计数据显示：样本群体的男女比例约为6∶4；样本群体的年龄分布集中在25～40岁，比例高达78%；样本群体的学历分布主要集中在高中及大学，其比例分别为33%和40%。具体如表5－6～表5－10所示。

表5－6　探索性研究样本性别统计

性别	频次	百分比（%）	有效百分比（%）	累计百分比（%）
男	63	63	63	63
女	37	37	37	100

表5－7　探索性研究样本年龄统计

年龄（岁）	频次	百分比（%）	有效百分比（%）	累计百分比（%）
25～30	37	37	37	37
31～35	15	15	15	52
36～40	26	26	26	78
41～45	11	11	11	89
46～50	7	7	7	96
50～55	4	4	4	100
合计	100	100	100	

表5-8　探索性研究样本学历统计

学历	频次	百分比（%）	有效百分比（%）	累计百分比（%）
初中及以下	19	19	19	19
高中	33	33	33	52
大学	40	40	40	92
其他	8	8	8	100

表5-9　探索性研究样本工作单位统计

工作单位	频次	百分比（%）	有效百分比（%）	累计百分比（%）
外企	13	13	13	13
政府	10	10	10	23
国有企业	32	32	32	55
民营企业	37	37	37	92
其他	8	8	8	100

表5-10　探索性研究样本更换工作单位情况统计

更换情况	频次	百分比（%）	有效百分比（%）	累计百分比（%）
未更换过	55	55	55	55
1~3次	29	29	29	84
3次以上	16	16	16	100
合计	100	100	100	

二、探索性因子分析

孟庆茂指出，因子分析是从为数众多的可观变量测量中概括和推论出少数不可观测的潜变量（又称为因子），用最少的因子概括和解释大量的观测事实，建立起最简洁的、最基本的概念系统，以揭示实物之间本质联系的一种统计分析方法。简而言之，因子分析就是探讨存在相关关系的变量之间，是否存在不能直接观察到但对可观察变量起支配作用的潜在因子的分析方法。具体地说，因子分析就是根据研究对象不同、维度相关性的大小对维度进行分组，使得同组内纬度之间的相关性较强，不同组之间相关性较弱。每组维度代表一个基本结构，该基本结构为公因子。可用最少3个数不可测的所谓公因子的线性函数与特殊因子之和来描述原来观测的每一维度。因子分析包括探索性因子分析和验证性因子分析。

因子分析的前提是各变量之间的相关性。只有相关性较高的变量才适合作因子分析。如果变量之间正交，它们之间就不存在公因子，作为因子分析就没有价值。因此，作因子分析之前，要检验各变量之间的相关性。通常的检验方法主要有KMO（Kaisser Meyer Olkin）检验和巴特利特球形度检验（Bartlet Test of Sphericity）。

KMO检验主要测度样本的充足度。它是所有变量的简单相关系数的平方和与这些变量之间的偏远相关系数的平方和之差。KMO的统计值一般介于0～1，其越接近于1，越适合作因子分析，过小则不适合作因子分析。一般的判断标准为：KMO在0.9以上，非常合适；0.8～0.9，很适合；0.7～0.8，适合；0.6～0.7，不太适合；0.5～0.6，很勉强；0.5以下，不适合。

巴特利特球形度检验主要检验相关矩阵是不是单位矩阵（原假设相关矩阵为单位矩阵）。巴特利特统计值的显著性概率小于或等于 a 时，拒绝原假设，可以作因子分析，即相关矩阵不是单位矩阵，可以考虑进行因子分析。通过以上两项统计指标的检验表明所研究的变量组适合进行因子分析。

前测研究的样本数据分析最主要的目的就是通过对各变量作探索性因子分析，根据分析结果对题项进行增删、重新归类，并据此调整初始调查问卷和概念模型。

在开始作探索性因子分析之前，变量由多少个因子构成，因子与变量之间的从属关系等情况并不清楚，而探索性因子分析的结果则会提供每个因子对应的特征值、方差贡献百分比、累计方差贡献百分比、因子负载值等，根据这些结果来判断因子的数目、变量与因子的从属关系。如特征值大于1的个数、累计方差贡献百分比超过65%的个数、因子负载值的大小等。

三、信度效度分析

样本数据的信度一般是指被测数据的稳定性和一致性，它是数据分析的一个重要指标。本书采用Cuieford（1965）提出的Cronbach's α系数作为衡量标准。该系数值越大，代表其内部一致性越高，显示衡量变量内各指标之间的相关程度越大，受访者对于考察变量内的测量指标反映的一致性程度越高。系数一般介于0.35～0.07，α系数 >0.7，表示高信度；α系数 <0.35，表示低信度。本书的各操作性变量的α系数均满足该项标准。

本书对问卷的可靠性通过Cronbach's α系数作为检验指标。应用该指标可以很好地对调查问卷中各个题项之间内部一致性问题做较好的验证。Churchill（1979）认为，Cronbach's α值大于0.7一般就认为该变量的测量信度可以被接收。实证研究方面获得大家一致认可，Cronbach's α值大于0.7为高信度，低于0.35为低信度，0.5为最低可以接受的信度水平。通过计算，各潜变量的可靠性检验结果如表5－11所示。

表 5-11　潜变量 Cronbach's α 系数

潜变量名称	题项数	Cronbach's α
SM	13	0.863
CA	6	0.793
CP	4	0.680
FP	5	0.864

由此可知，SM、CA、FP 三个变量的 Cronbach's α 值均大于 0.7 为高信度变量，CP 的 Cronbach's α 值大于 0.5 为可接受信度，变量的可靠性较好，可以接受。

本书的各操作性变量的 α 系数均满足该项标准。因此，初始问卷的信度较好。在效度上，本书的问卷设计，主要依据 SERVQUAL 量表以及对生态风险、工业聚集区环境满意度等变量的文献搜索，并进行初步的小样本测试以确认问卷内容的可行性，才正式发放探索性研究的问卷进行因子分析。因此，问卷的内容效度具有很高的可验性。另外，对于所有测量指标而言，各测量指标因子负载值多在 0.6 以上，标准化的因子负载值在理论上的最低临界值为 0.6，因此问卷又充分显示了较好的结构效度。

四、调查问卷修正

根据以上探索性研究的因子分析结果，初始问卷中对工业聚集区环境满意度维度的调查不足，因此增加 3 个满意度调查变量；前测分析被调查人员对于生态治理整合维度问题敏感度较低，问卷反馈不足以反映企业自身参与工业聚集区生态治理情况，因此更改生态治理维度下有关生态治理制度问题，其余部分保持不变。

同时，对探索性研究问卷中的其他题项，如样本特征调查的题项等进行了调整。尤其是针对生态风险的题项进行了调整，使其语意更易理解，提高问卷的信度。

第五节　数据分析

一、数据收集

本书的主要目标是探寻三个维度下信任与生态风险传染的关系。研究构面及量表的操作主要是针对制造业，同时所关注生态服务质量和企业绩效的题项都涉及企业管理层面，所以本书选择了制造业部门主管或企业总经理作为受访者。问卷经过初步设计形成后，选取 50 位制造业主管或经理进行预测试，以评估问卷设计及用户的适当性。测试的结果表明，通过问卷所收集的数据从总体上看适合进行统计分析。同时，根据部分问卷反馈的建议，调整了问卷部分题项的逻辑顺序以及表达方式，对题目内容表述进行语义修正，对每项文字数量和理解难度进行一致性调整。然后，再通过与 10～20 位工业聚集区中高层管理人员的个案访谈，并参考有关专家的意见，对预试后的问卷进行了再次修改，得到本书所用的正式调查问卷。调查问卷均采用李克特五以及量表的形式，其中，“1”代表非常不同意，“2”代表不同意，“3”代表一般同意，“4”代表有点同意，“5”代表非常同意，要求测试者在 1～5 的数字中圈选一个数字代表他们对问题的同意程度。尽管 7 级量表可以增加变量的变异量，并提高变量之间的区分度，但是，在与企业的实际访谈中，发现 7 级量表有可能增加填答者的难度，造成填答者的混乱，因此，在问卷设计中本研究采用了李克特 5 级量表。

本书采用问卷调查的方法作为收集初级资料的主要方法，所使用的调查问卷内容共分为四个部分：①生态治理制度整合；②生态风险认知；③生态服务信誉；④企业绩效以及调查人员基本信息，包括被调查企业的企业规模、企业性质等企业基本情况，填答人员的职位等个人基本信息。根据荣泰生的问卷设计原则，本问卷发行量采用封闭性问题降低填写难度，而将涉及填答者个人信息的问题放在问卷最后，以提高问卷的整体效度。在进行大规模问卷调研之前，进行小样本预测试，对各衡量题项进行完善，最终使调查问卷更加完善。

本书首先通过对回收问卷进行初步分析，包括各变量衡量题项的信度和效度分析，并进行验证性分析，并根据分析结果对所提出的模型进行改进和完善。最后，利用线性结构方程模型分析整体模型的关系并验证所提出的假设关系。出于时间限制和成本预算约束考虑，本书从中国质量协会的下属管理咨询公司的企业名录数据库中随机抽取有研究数量要求的样本对象。从抽样框中得到的这些工业聚集区由于在近几年内参加过该管理咨询公司的培训课程，可信度较高。

二、描述性分析

本书采用自填问卷调查的方法。填写对象均为工业聚集区的部门经理级别以上、了解企业具体情况的中高级管理者。共发出问卷 500 份，回收问卷 276 份，回收率约为 55.2%。在社会科学研究领域，学者们公认对调查对象的调查问卷的回收率要求达到 20% 以上才符合调查的标准，本次调查问卷回收率为 55.2% 超出这一标准，所以我们认为本次问卷调查符合要求。在回收的问卷中，有 10 份

问卷数据缺失率超过了30%以上，不符合我们的调查要求所以最终废弃了这几份问卷。调查中有效问卷的总体数据缺失率为1%。单个维度变量的数据缺失率范围为0～0.3%，单个题项的数据缺失率范围为0～0.8%。从此次调查的结果看，整个调查数据信息缺失处于一个较低水平。因此，最终获得的有效问卷一共266份，问卷中所有的题项数据都保留了下来。

三、样本行业分布

本书调研的主要对象为工业聚集区企业，主要为制造业企业，所以我们可以以国家统计局的行业标准分类（GB/T 4754—2002）为依据。制造业是一个产业集合的笼统说法，对应该行业标准分类中的31个2位代码的行业。但是，由于部分行业数据收集困难，我们没有将所有的2位代码行业全部考虑，而是选取部分具有代表制造业特征的行业来进行调查。这样既减少了调研工作量又符合研究的要求，研究既具有足够的代表性又符合普遍性的要求。最终，调研样本的行业分布如表5－12所示。

表5－12　样本行业分布

行业分类	百分比（%）
金属、非金属制造	11.5
通用、专用设备制造	34.6
医药、生物制品	5.4
通信设备、计算机及其他电子设备制造	20.8
石油及石油制品	9.2
电器机械及器材制造	3.8
交通运输设备制造	6.9
食品饮料	2.4
纺织服装	5.4

四、缺失数据处理

由于整体调查的数据缺失率较低，所以我们可以认为个别题项的数据缺失是由被调查者的无意识行为造成的，与本身的问卷量表设计没有关联关系。通过对数据缺失的状况进行分析，我们并没有发现缺失的数据状况有某种规律性特点。通过对一个数据完整组和一个数据缺失组的差异性进行卡方检验，检验结果表明，两个样本组数据差异性并不显著。所以我们可以认定问卷调查过程中出现的数据缺失不存在规律性，是随机产生的。我们可以采用插补法处理问卷的缺失数据。鉴于数据缺失的较少，最终选定均值插补方法来确定缺失数据。

五、概念变量的因子分析

1. 生态治理制度整合

要对生态治理制度变量数据进行因子分析的适当性考察，本书采用巴特利特球形度检验（Bartlett's Test of Sphericity）、KMO 检验（Kaiser - Meyer - Olkin Measure of Sampling Adequacy）等方法来对因子分析的适当性进行检验。KMO 取值范围在 0 和 1 之间。当 KMO 值越接近 1 的时候，所有变量之间的简单相关系数的平方和就越趋向于大于相关系数的平方和，所以更适合做因子分析；相反则越不适合做相关分析。Kaiser 给出了一个 KMO 值的标准：KMO < 0.5，不适合；0.6 < KMO < 0.7，不太适合；0.7 < KMO < 0.8，一般；0.8 < KMO < 0.9，适合；0.9 < KMO，非常适合。巴特利特球形度检验以变量的相关系数矩阵为基础。

首先，零假设相关矩阵是一个单位矩阵，通过计算相关矩阵的 χ^2 统计值以及相伴概率，检验开始的零假设是否成立。当 χ^2 统计量相伴概率小于显著水平，则拒绝零假设，即原始变量之间存在相关性，适宜做因子分析，否则不适宜做因子分析。

结果如表 5 - 13 所示。服务制造整合变量所构成的相关矩阵对因子分析的适当性结果为：KMO 样本测量值在 0.882；巴特利特球形度检验 χ^2 值为 522.467，χ^2 统计量的显著性概率为 0.000，且小于 0.01。因此，所选指标数据非常适合做因子分析。

表 5 - 13　生态治理制度整合变量 KMO 和巴特利特球形度检验

KMO 取样适当性测度值（Kaiser - Meyer - Olkin Measure of Sampling Adequacy）		0.882
巴特利特球形度检验 （Bartlett's Test of Sphericity）	Approx. Chi - Square（近似卡方分配）	522.467
	df（自由度）	78
	Sig.（显著性）	0.000

其次，应用主成分分析法求取初始因子，因子旋转采用方差最大化正交旋转法，作为因子提取的依据。分析结果如表 5 - 14 所示，我们保留了生态治理制度整合量表中全部 13 个题项，共提取了 4 个因子。

表 5 - 14　生态治理制度整合变量因子矩阵

衡量题项代号	因子负荷			
	因子一	因子二	因子三	因子四
SM 01	0.659	—	—	—
SM 03	0.677	—	—	—
SM 04	0.688	—	—	—

续表

衡量题项代号	因子负荷			
	因子一	因子二	因子三	因子四
SM 05	0. 732	—	—	—
SM 07	—	0. 606	—	—
SM 08	—	0. 590	—	—
SM 12	—	0. 712	—	—
SM 13	—	0. 718	—	—
SM 02	—	—	0. 501	—
SM 06	—	—	0. 814	—
SM 09	—	—	—	0. 566
SM 10	—	—	—	0. 727
SM 11	—	—	—	0. 577
特征值	2. 410	2. 324	1. 688	1. 575
累计方差贡献率（%）	18. 536	36. 412	49. 398	61. 510
因子命名	服务制造资源整合（SMRI）	企业与顾客流程整合（FCC）	服务制造流程整合（SMPI）	企业与顾客的信息整合（FCII）

注：提取方法：主成分分析法（Principle Component Analysis）；旋转方法：方差最大化正交旋转法（Varimax）；旋转迭代 13 次（Rotation Converged in 13 Iterations）。

按照各因子所包括题项的内容，因子一所含题项主要涉及工业聚集区内企业对于生态治理制度的制定状况，故命名为“生态治理制度整合”；因子二所含的题项主要涉及企业向顾客了解产品服务的需求状况以及向顾客传达发展方向，故命名为“企业与顾客流程整合”；因子三所含题项主要涉及工业聚集区和服务企业的流程整合情况，故命名为“服务制造流程整合”；因子四所含题项主要涉及企业与顾客的信息整合情况，故命名为“企业与顾客信息整合”。测量相关因子题项负荷量都在 0. 5 以上，表示收敛度很好。这四个因子累计方差贡献率为 61. 5%，说明本研究对生态治理整合的测量是比较有效的。

接着采用验证性因子分析对上述结果进行验证研究，如图 5 - 6 所示。模型的标准化负载系数皆为正，而且都在 0. 5 以上，具有显著性（$p < 0.01$）。这表明概念变量具有较好的聚敛有效性。模型的绝对拟合指标显示，GFI 值为 0. 909，较好；而 RMSEA 为 0. 049，较好。从增值拟合指标看，NFI、IFI 和 CFI 都超过了 0. 8，较好。从简效拟合指标看，PGFI、PNFI 和 PCFI 基本都高于接受值 0. 50。由以上拟合指标可知模型的有效性较好。

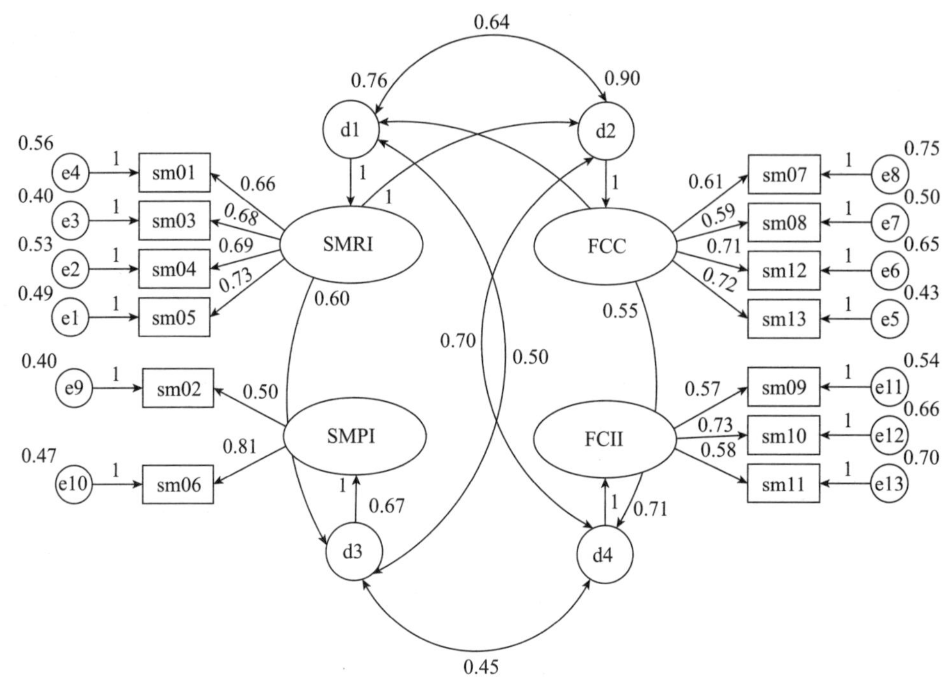

图 5-6　生态治理制度整合表验证性因子分析模型

量表总体的 Cronbach's α 系数为 0.863，偏 α 系数整体水平在 0.8 以上。从观测变量的可靠性指标 R^2 来看，其取值范围在 0.3～0.8，整体水平在 0.5 以上。综上所述，生态治理整合概念量表具有较好的可靠性。所以，上述检验结果证实了生态治理整合概念具有较好的有效性和可靠性。

2. 生态风险认知

结果如表 5-15 所示。生态治理制度整合变量所构成的相关矩阵对因子分析的适当性结果为：KMO 样本测量值在 0.764；巴特利特球形度检验 χ^2 值为 223.85，χ^2 统计量的显著性概率为 0.000，且小于 0.01。因此，所选指标数据非常适合做因子分析。

表 5-15　生态风险认知变量 KMO 和巴特利特球形度检验

KMO 取样适当性测度值（Kaiser-Meyer-Olkin Measure of Sampling Adequacy）		0.764
巴特利特球形度检验（Bartlett's Test of Sphericity）	Approx Chi-Square（近似卡方分配）	223.850
	df（自由度）	15
	Sig.（显著性）	0.000

然后，应用主成分分析法求取初始因子，因子旋转采用方差最大化正交旋转法，作为因子提取的依据。分析结果如表 5－16 所示，我们保留了生态服务质量量表中全部 6 个题项中的 6 个题项，共提取了 2 个因子。

表 5－16　生态风险认知变量因子矩阵

衡量题项代号	因子负荷	
	因子一	因子二
CA 01	0.760	—
CA 02	0.875	—
CA 03	0.622	—
CA 04	—	0.620
CA 05	—	0.874
CA 06	—	0.735
特征值	1.976	1.865
累计方差贡献率（%）	32.936	64.012
因子命名	生产性优势（MA）	服务性优势（SA）

注：提取方法：主成分分析法（Principle Component Analysis）；旋转方法：方差最大化正交旋转法（Varimax）；旋转迭代 3 次（Rotation Converged in 3 Iterations）。

按照各因子所包括题项的内容，因子一所含题项主要涉及企业对于工业聚集区内生产制造活动对工业聚集区造成生态环境的影响程度，故命名为“生态风险认知”；因子二所含的题项主要涉及企业在提高顾客服务满足市场需求与竞争对手相比所获得的优势，故命名为“服务性优势”。测量相关因子题项负荷量都在 0.6 以上，表示收敛度很好。而且这四个因子累计方差贡献率达 64.012%，说明本研究对生态服务质量的测量是比较有效的。

接着采用验证性因子分析对上述结果进行验证研究，如图 5－7 所示。模型的标准化负载系数皆为正，而且都在 0.5 以上，具有显著性（$p<0.01$）。这表明概念变量具有较好的聚敛有效性。模型的绝对拟合指标显示，GFI 值为 0.94，较好；而 RMSEA 为 0.1，可接受。从增值拟合指标看，NFI、IFI 和 CFI 都超过了 0.85，较好。从简效拟合指标看，PGFI、PNFI 和 PCFI 基本都高于接受值 0.50。由以上拟合指标可知模型的有效性较好。

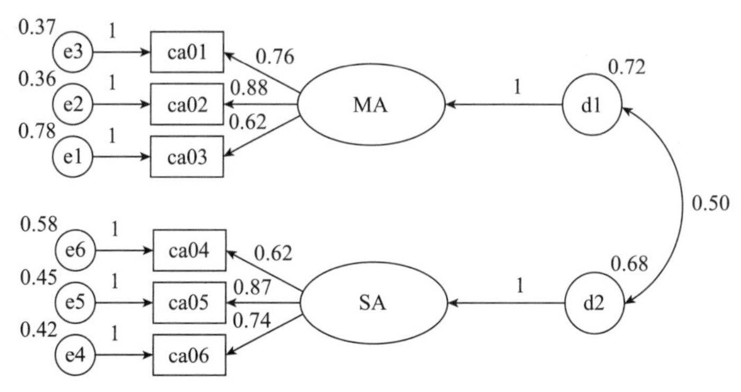

图5－7　生态风险认知量表验证性因子分析模型

量表总体的Cronbach's α系数为0.793。从观测变量的可靠性指标R^2来看，其取值范围在0.4～0.7，整体水平在0.5以上。综上所述，该概念量表具有较好的可靠性。所以，上述检验结果证实了生态风险认知概念具有较好的有效性和可靠性。

3. 生态满意度

结果如表5－17所示。顾客绩效变量所构成的相关矩阵对因子分析的适当性结果为：KMO样本测量值在0.700；巴特利特球形度检验χ^2值为88.091，χ^2统计量的显著性概率为0.000，且小于0.01。因此，所选指标数据非常适合做因子分析。

表5－17　生态满意度变量KMO和巴特利球形度检验

KMO取样适当性测度值（Kaiser－Meyer－Olkin Measure of Sampling Adequacy）		0.700
巴特利特球形度检验（Bartlett's Test of Sphericity）	Approx. Chi－Square（近似卡方分配）	88.091
	df（自由度）	6
	Sig.（显著性）	0.000

然后，应用主成分分析法求取初始因子，因子旋转采用方差最大化正交旋转法，作为因子提取的依据。分析结果如表5－18所示，我们保留了生态满意度量表中全部4个题项，共提取了2个因子。

表5－18　生态满意度变量因子矩阵

衡量题项代号	因子负荷	
	因子一	因子二
CP 01	0.820	—
CP 02	0.738	—

续表

衡量题项代号	因子负荷	
	因子一	因子二
CP 04	0.675	—
CP 03	—	0.688
特征值	1.595	1.295
累计方差贡献率（%）	39.881	72.259
因子命名	顾客满意度（CS）	价格容忍度（PT）

注：提取方法：主成分分析法（Principle Component Analysis）；旋转方法：方差最大化正交旋转法（Varimax）；旋转迭代3次（Rotation Converged in 3 Iterations）。

按照各因子所包括题项的内容，因子一所含题项主要涉及企业对工业聚集区生态环境的满意状况，故命名为“生态满意度”；因子二所含的题项主要涉及工业聚集区生态环境恶化使企业减少生产合作的程度，故命名为“生态容忍度”。测量相关因子题项负荷量都在0.6以上，表示收敛度很好。这四个因子累计方差贡献率达72.2595%，说明本研究对生态满意度的测量是比较有效的。

接着采用验证性因子分析对上述结果进行验证研究，如图5－8所示。模型的标准化负载系数皆为正，而且都在0.6以上，具有显著性（$p<0.01$）。这表明概念变量具有较好的聚敛有效性。模型的绝对拟合指标显示，GFI值为0.986，较好；而RMSEA为0.012，很好。从增值拟合指标看，NFI、IFI和CFI都超过了0.9，较好。从简效拟合指标看，PGFI、PNFI和PCFI基本都高于接受值0.50。由以上拟合指标可知模型的有效性较好。

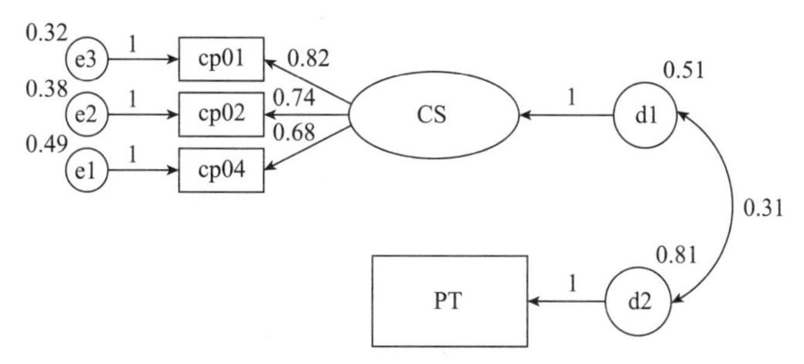

图5－8 生态满意度量表验证性因子分析模型

量表总体的Cronbach's α系数为0.680。从观测变量的可靠性指标 R^2 来看，其取值范围整体水平在0.6以上。综上所述，该概念量表具有较好的可靠性。所以，上述检验结果证实了生态满意度概念具有较好的有效性和可靠性。

4. 生态信誉绩效

结果如表5－19所示。生态信誉绩效变量所构成的相关矩阵对因子分析的适当性结果为：KMO样本测量值在0.876；巴特利特球形度检验χ^2值为288.370，χ^2统计量的显著性概率为0.000，且小于0.01。因此，所选指标数据非常适合做因子分析。

表5－19　生态信誉绩效变量KMO和巴特利特球形检验

KMO取样适当性测度值（Kaiser－Meyer－Olkin Measure of Sampling Adequacy）		0.876
巴特利特球形度检验（Bartlett's Test of Sphericity）	Approx. Chi－Square（近似卡方分配）	288.370
	df（自由度）	10
	Sig.（显著性）	0.000

然后，应用主成分分析法求取初始因子，因子旋转采用方差最大化正交旋转法，作为因子提取的依据。分析结果如表5－20所示，我们保留了生态信誉绩效量表中全部5个题项，共提取了2个因子。

表5－20　生态信誉绩效变量因子矩阵

衡量题项代号	因子负荷	
	因子一	因子二
FP 01	0.657	—
FP 02	0.571	—
FP 03	0.903	—
FP 04	0.611	—
FP 05	—	0.913
特征值	1.992	1.781
累计方差贡献率（%）	39.835	75.460
因子命名	财务指标（FD）	市场地位（MP）

注：提取方法：主成分分析法（Principle Component Analysis）；旋转方法：方差最大化正交旋转法（Varimax）；旋转迭代3次（Rotation Converged in 3 Iterations）。

按照各因子所包括题项的内容，因子一所含题项主要涉及企业近三年来在主要

财务指标方面与竞争对手的对比状态，故命名为“财务指标”；因子二所含的题项主要涉及企业与竞争对手相比在整个产品服务市场的位置，故命名为“市场地位”。测量相关因子题项负荷量都在0.5以上，表示收敛度很好。这四个因子累计方差贡献率达75.46%，说明本研究对生态服务质量的测量是比较有效的。

接着采用验证性因子分析对上述结果进行验证研究如图5-9所示。模型的标准化负载系数皆为正，而且都在0.5以上，具有显著性（$p<0.01$）。这表明概念变量具有较好的聚敛有效性。模型的绝对拟合指标显示，GFI值为0.947，较好；而RMSEA为0.096，可接受。从增值拟合指标看，NFI、IFI和CFI都超过了0.9，非常好。从简效拟合指标看，PGFI、PNFI和PCFI基本都高于接受值0.50。由以上拟合指标可知模型的有效性非常好。

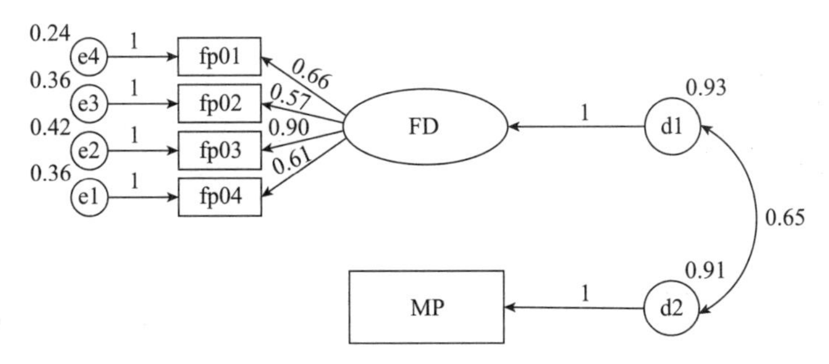

图5-9　企业生态信誉绩效量表验证性因子分析模型

量表总体的Cronbach's α系数为0.864。从观测变量的可靠性指标R^2来看，其取值范围在0.7~0.8，整体水平在0.5以上。综上所述，该概念量表具有较好的可靠性。所以，上述检验结果证实了企业生态信誉绩效概念具有较好的有效性和可靠性。

第六节　实证模型检验

一、模型的设定

在整个实证模型中主要的研究变量可以设定为一阶潜变量。其中，生态治理制度整合可以看作外生潜变量，而生态风险认知、生态信用绩效以及生态满意度可以看作内生变量。同时，根据研究内容企业信任绩效是结果变量，生态风险认知和生态治理制度整合是为了便于研究所设定的中介变量，因此该模型属于结构方程模型中的中介模型。为了提高模型的简效性，我们采用在验证性因子分析中所得到的结果，将对应每个因子的观测题项打分值进行加权平均，最终得到的值作为该因子的组合分值。

整个模型共有 10 个观测变量，数据点为 47 个，模型的路径示意图如图 5 - 10 所示。实证模型的设定条件如下所示。

（1）模型中有一个外生变量生态治理整合（SM）以及生态服务质量（CA）、顾客绩效（CP）、企业绩效（FP）三个内生变量。同时与潜变量相关的观测变量共有 10 个，其中包含了 4 个外生测量变量（SMRI、FCC、SMPI、FCII）以及 6 个内生测量变量（MA、SA、CS、PT、FD、MP）。

（2）模型中有 4 个外生测量残差（a1 ~ a4），6 个内生测量残差（b1 ~ b6），3 个解释残差（c1 ~ c3），其方差被自由估计。

（3）每个测量变量仅受单一潜在变量的影响，所以共有 4 个外生测量变量的因素负载系数，以及 6 个内生测量变量负载系数。

（4）为了使潜在变量的尺度能够确定，采用固定负载法将各潜在变量的第一个因素负载量设定为 1，所以共有 4 个因素负载量被设定为 1。

（5）指向潜变量的残差项之间彼此不相关，潜变量的残差项与测量误差之间彼此不相关，模型干扰项与外生潜变量之间不相关。

根据 Bollen（1989）的模型识别原则，对该实证模型进行分析。首先，检验数据点的数目是否多于自由参数数目。模型中需要估计的自由参数数目为 23，少于数据点数量 47，所以符合上述要求。其次，模型的内生和外生变量至少有两个及以上的观测变量，且变量之间不存在双向的因果关系，在这种条件下可以被认定为递归模型。经过上述验证，该实证模型均符合识别必要条件，可以进行进一步研究。

二、参数的设定

应用 AMOS 软件，对模型进行拟合检验，其检验结果如表 5 - 21 所示。首先，模型中的潜变量与测量变量的完全标准化负载系数都为正，系数值范围从 0.51 ~ 1.0，整体在 0.6 以上，且具有显著性（$p < 0.01$）。同时测量变量的可靠性指标 R^2 值在 0.5 以上。以上结果表明，结构方程模型中的概念构建具有良好的有效性和可靠性。

表 5－21　模型拟合指标

拟合指标	假设模型	饱和模型	独立模型
Chi－Square	178.686	0.000	668.574
df	34	0	45
P	0.000		0.000
RMSEA	0.078		0.220
GFI	0.861	1.000	0.320
NFI	0.785	1.000	0.000
IFI	0.826	1.000	0.000
CFI	0.822	1.000	0.000
AGFI	0.795		0.169
NNFI	0.697		0.000
PNFI	0.576	0.000	0.000
PGFI	0.526		0.262
EVCI	1.392	0.815	5.101
AIC	187.859	110.00	688.574
CAIC	237.937	325.196	727.700

三、模型因果关系分析

根据实证模型的路径分析结果，可以得到以下结论：

（1）“生态治理整合”在0.001的显著性水平下对“生态服务质量”产生正向影响，其标准化路径系数为0.77（$p<0.01$），H5－1成立。

（2）“生态服务质量”在0.001的显著性水平下对“顾客绩效”产生正向影响，其标准化路径系数为0.9（$p<0.01$），H5－2成立。

（3）“顾客绩效”在0.001的显著性水平下对“企业绩效”产生正向影响，其标准化路径系数为0.98（$p<0.01$），H5－3成立。

四、模型结果讨论

通过对生态治理整合实证模型的分析，得到了一些重要的结论。下面分别就这些结论展开探讨。

（1）实证模型的检验结果表明，生态治理整合与企业绩效之间的关系符合我们早期的理论假设，呈正向关系。由此可以看出，国内制造业已经在向服务型制造阶段过渡，而且已经在一定程度上运用与服务企业、顾客的流程和信息整合的手段来增强企业的竞争力。自从服务型制造的理念提出以后，学术界对这一概念有

过一些争论：服务型制造是一种先进制造方法还是一种新的企业商业竞争模式，服务型制造网络的建立对企业整体的生态服务质量有什么样的影响等。本书以国内部分工业聚集区为研究对象，研究的结果为中国工业聚集区生态治理整合的实践活动提供理论支持。但是过分夸大生态治理整合在整个企业绩效提升中的作用也不可取，本书的研究结论只表明生态治理整合、生态服务质量、顾客绩效和企业绩效四个概念变量之间存在由于调研样本数据的数据特征所带来的因果关系。但是，由于在整个整合机制研究中还有一些概念变量（如技术研发等）对企业绩效的影响没有涵盖进来，所以有关生态治理整合影响机制还有待进一步的研究。

（2）在对生态治理整合概念变量进行测量并进行探索性因子分析的过程中，我们发现该概念有四个测量维度：服务制造资源整合、服务制造流程整合、企业与顾客流程整合、企业与顾客信息整合。这种维度结构验证了本书提出的服务型制造网络资源整合机制。服务型制造网络是企业实现服务型制造的组织形式，由工业聚集区、服务企业、顾客三方构成，由工业聚集区提供的有形产品以及服务企业提供的无形的服务组合而成的顾客需要的产品服务系统。所以在这个过程中，三方必须进行流程和信息的整合，来帮助实现整个网络资源的有效利用。国内制造业也更倾向于通过向其客户提供大量相关的产品服务，建立产品服务系统的优势，来获取更好的企业绩效。国内的程控交换机制造业的领头企业——华为公司就是在产品制造的基础上通过其发达的服务体系，向顾客提供全方位和及时的服务，取得了良好的效果。

（3）在对企业生态服务质量概念变量进行测量并进行探索性因子分析过程中，我们发现该概念有两个测量维度：生产性优势和服务性优势。这种维度结构与以往对工业聚集区的测量维度结构有所不同。由于工业聚集区以提供有形产品为主，一般测量只注重有形产品生产过程中所建立的优势，但是随着服务型企业的整合，建立基于有形产品的服务性优势对于工业聚集区的竞争力评价可能具有更为重要的作用。当然这一新的研究问题有待进行下一步研究，通过完善两个维度的测量内容建立一套适合服务型工业聚集区竞争力评价的质量工具。

生态治理整合实证模型构建与路径分析如图 5 - 10 与图 5 - 11 所示。

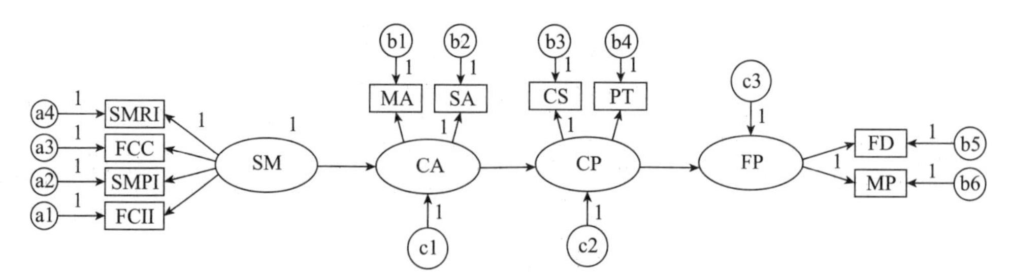

图 5 - 10　生态治理整合实证模型构建

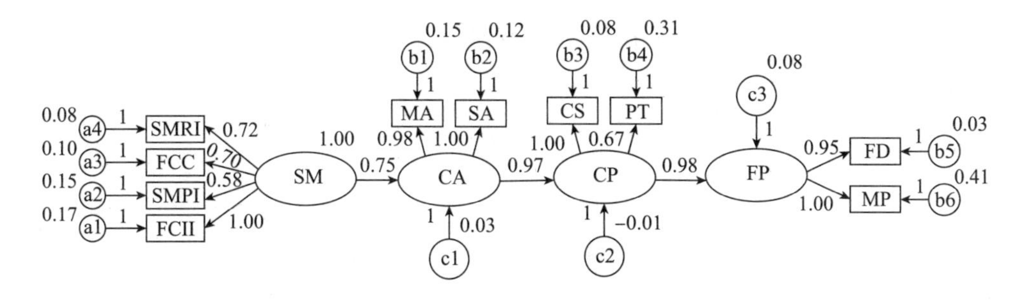

图 5 －11　生态治理整合实证模型路径分析

本章从网络运作的视角，首先界定了服务型制造网络整合的内涵，并将服务型制造网络构建分为流程整合和信息整合两种方式。同时，从企业内外资源整合、企业内外核心能力整合、企业知识整合和企业间的学习、工业聚集区企业间关系的协调和企业间交易成本的降低等方面，分析服务型制造网络构建对网络组织及企业绩效带来的影响。在此基础上，针对国内工业聚集区进行实证研究，最终得到生态治理整合通过生态服务质量和顾客绩效两个中介变量对企业绩效概念变量有正向影响作用的结论。

五、阻断策略研究

1. 以知识为载体的企业间合作创新风险传导的防控措施

（1）预防控制的途径。

1）提高对合作创新中企业间风险传导的认识。加强对合作创新中风险传导的客观存在性、后果严重性的重视，提高对风险传导规律的研究与认识。首先，合作企业应注重内部控制，从源头上尽量杜绝风险的产生，加强对风险的事前预防；其次，要加强合作双方对风险的控制；最后，对于那些无法避免的风险（特别是那些风险控制成本高于风险治理成本的情况），双方要去关注此类风险的传导途径和扩散规律，掌握其传导机理、原则和方法，对其传导途径和蔓延路径进行有效监管和控制，降低风险、化解风险，保证合作创新顺利进行。

2）提高合作创新企业的抗风险能力。提高合作双方企业阻止风险传导的能力，特别是知识接收方的抗风险能力，这在实质上是提高风险传导中风险阀门的阈值。知识接收方要注意观察知识转移方的日常创新规律，监控所转移的知识并进行识别，过滤那些可能对本企业创新活动及其成果应用具有负面影响的知识。当然，作为合作创新中的知识转移方，应就其所转移知识的应用条件、程序、预期结果等向对方进行明确描述，同时控制知识转移过程中发生知识流失、破损、扭曲等现象，从知识转移源头降低风险发生与传导的可能性。

3）建立合作创新的突发风险预警与防范制度。合作创新企业可以通过建立有效的突发事件应急机制，成立专门的应急部门，建立完备的突发事件信息管理系统，制定科学的应急预案，在各个易发生风险及进行传导的节点上建立预警方法，增强企业应对风险突发事件的能力。

（2）过程控制的途径。过程控制是在分析风险传导的影响因素的基础上，在关键环节上采取的风险控制方法。

1）阻断风险的传导路径。当风险不可避免地发生后，降低风险对合作创新及其参与企业影响的一个非常重要的途径便是采取有效的风险管理措施，阻断风险在企业间的传导路径，使风险集中在合作联盟的某个或某几个局部领域，不让它对合作创新整体运行产生影响，进而再集中力量化解和转移风险。对于企业而言，要有效阻断风险在企业的传导和蔓延，首先，要提高信息共享的程度。完善合作企业间风险的预警机制，从而减少消化企业风险。其次，要加强对风险传导载体的控制。风险介质在企业风险传导过程中起着极其重要的作用。在合作创新中，知识是风险传导的主要介质，但合作创新中转移的知识形态多种多样，风险会根据不同形态的知识承载风险的能力选择其传导路径。因此，合作创新双方要根据不同的知识形态对风险传导的影响进行归集和分类，掌握其运行规律，并对不同知识形态之间所产生的“耦合效应”加以干扰和控制，从控制传导介质角度遏制风险的传导。

2）对不同风险因素之间所引起的风险的相互作用进行监控。不同性质的风险在传导过程中会发生相互影响、相互作用，即耦合。在企业间合作创新中，对不同风险因素所引起的风险的相互作用需要进行监控，采取有效的风险管理策略和方法，引导各种不同性质的风险在耦合过程中间“弱耦合”性态交互转化，使耦合后的风险流量减少，从而降低合作创新的整体风险状态，使企业风险损失最小化，降低风险之间的强耦合程度、促进风险之间的弱耦合。

3）降低风险在企业间的传导速度。从传导的角度出发，控制和降低风险在合作创新企业间的传导速度的主要目的是通过有效的风险管理决策，最大限度地延缓风险在企业间传导、蔓延，推迟风险损失的实现时间。在阻断、隔离风险未见的情况下，降低风险传导速度、延缓风险传导与危害的实现时间是一种明智的风险决策。

2. 生态文明视角下加强我国环境风险治理的对策

基于前面的分析，这里分别从政府、企业、民众利益相关者三个主体层面来进行对策分析。

（1）完善政府环境风险治理的法律及机制。

1）增强政府的环境风险意识。只有政府充分认识到环境风险治理的重要性，

才能够加强监管，积极防控，最大限度地减少和避免环境风险向环境突发事件转化。

2）加快转变经济增长方式。要以科学发展观为指导，调整产业结构，优化经济布局，发展低碳经济，从源头上减少环境风险。淘汰落后产能，关停高耗能、高排放企业，固然会对增长带来影响，但其中也蕴含着很大商机，会为新能源、节能环保等新兴产业成长提供广阔空间。

3）完善环境风险治理的制度体系建设。要加强环境风险治理的立法，通过法律制度明确环境风险治理过程中利益各方的权利和义务；要加强地方政府决策科学性制度化建设。各地方在重大决策或者项目上马之前严格执行环境风险评估程序，根据评估的结果进行科学决策；要建立健全环境风险责任追究制度。严厉追究有关部门风险防范及监管不力以及有关人员风险决策失误的责任。习近平在2013年中共中央政治局就推进生态文明建设进行的集体学习时特别提到“对那些不顾生态环境盲目决策、造成严重后果的人，必须追究其责任，而且应该终身追究”。

4）积极探索合理的环境风险治理的市场环境政策，让市场在地方环境风险治理中发挥基础性作用。从美国及欧洲长期进行环境风险治理的经验来看，基于市场的政策工具超越传统“命令—控制”型治理的两个最为显著的特征，即具有低成本、高效率的特点和技术革新及扩散的持续激励，因此，在环境风险治理中市场环境政策工具的应用将会越来越广泛。

5）要重视人文关怀。在环境风险防范和治理中要特别注意对公众的人文关怀，才能得到公众的理解和支持。例如，在德国和日本，政府兴建会给附近居民造成环境负外部性的公共设施的同时，除了对当地居民进行物质补偿，还为他们提供诸如图书馆、游泳馆等免费公共服务，充分体现了人文关怀。

（2）构建企业与政府的合作伙伴关系，提高企业进行环境风险治理的自觉性。

1）要加强舆论宣传，提高企业的社会责任感。企业加强防范环境风险固然需要升级工艺、改进设备等，这些都需要大量的投入，但是这些措施同时可以有效地利用原材料和回收废物，实现生产成本上的节约。此外，环境风险控制得好、较少发生环境事故的企业更容易赢得消费者的信赖与忠诚度。同时，通过加强环境风险治理可以最大限度地避免环境突发事故的发生，降低由此带来的经济损失和环境破坏。如此，企业既节约了资源，又保护了环境，正符合生态文明的要求。因此，也就更加愿意承担起防范环境风险，保护环境的社会责任。

2）企业要积极落实环境风险管理制度，落实环境风险治理的主体责任。企业应当建立健全环境风险隐患排查治理和建档监控等制度，逐级建立并落实从主要负责人到每个从业人员的环境风险隐患排查治理和监控责任制。企业要制定预警监测机制，对企业的环境风险进行监控和预警。企业应当积极采取安全防范措施控制环境风险隐患，防止环境事故发生。同时，企业还要加强员工的安全培训与教育，提高他们防范环境风险的安全意识和规范安全生产的操作技能。

3）要实施激励性优惠政策导向，鼓励和引导企业进行技术改造，绿色生产。公共经济学中政府对于环境进行管制的思路中除对污染企业进行征税增加其成本外，还有一种思路就是对环保企业采取补贴和鼓励的思路。因此，政府对于主动进行环境风险治理并取得较好效果的企业要树立典型，广泛宣传；同时应当给予积极进行技术创新和绿色生产的企业政策和资金扶植，以进行鼓励和引导。

引导公众积极参与环境风险的监督与治理。一方面，要提高公众的环境风险意识。通过教育和宣传，在全社会树立生态观念和生态责任意识。加强宣传教育，营造爱护环境、防范环境风险的社会风气和文化。例如，日本在公众参与方面，用环境文化理念去促进国民自觉地提高环保意识与道德素质并约束自己可以增加环境风险的各种行为。另一方面，要加强环境风险治理中的事前公众参与途径和水平。薛澜等的研究表明，在环境风险治理中事前的公众参与比事后的公众参与更能有效提升社会整体环境治理效果。首先，要在立法中明确公众参与治理的途径和程序。其次，建立有效的环境风险的沟通机制。促进政府和公众通过沟通建立信任并且形成良性的互动，以合作、互信的方式在合理的框架下共同探讨解决环境风险的问题。最后，要加强环境信息公开。只有政府和企业保证了公众对于环境风险的知情权，才能使公众进行合理的监督。

第六章　基于信任评价的生态风险分担政策

第一节　生态风险政策工具的历史演进

管制是指政府为控制工业聚集区生产运作中的各种行为而采取的一系列管理、约束政策来协调私人成本与社会成本的统一。管制一般可以分为社会管制和经济管制。社会管制指政府为保护公众的健康、自由、安全等进而对公众所处的生态风险、所购买的产品以及享受的服务等进行管理和治理，其中，生态风险管制作为社会管制的一项重要内容，政府通过制定相应的生态风险政策工具来管制和协调工业聚集区的经济活动与行为，以实现生态风险保护与经济发展的可持续发展。

世界各国政府面对愈演愈烈的生态风险与经济发展之间的矛盾，不得不对高耗能产业实施放松经济管制的政策，把生态风险管制作为一个重点的管制领域。生态风险管制的具体演变过程如图 6 – 1 所示。

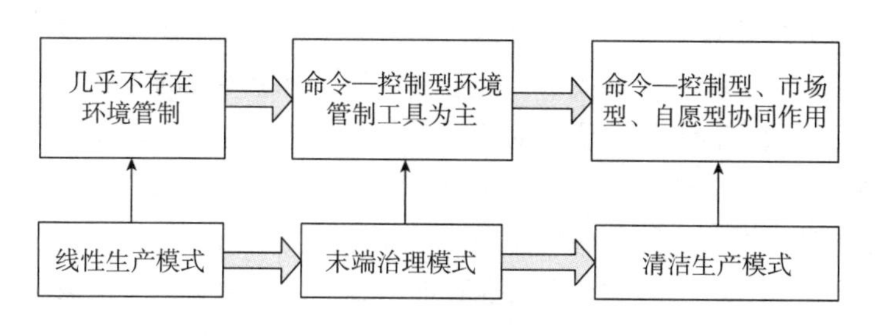

图 6 – 1　生态风险政策工具演变情况

由图 6 - 1 可知，生态风险管制模式从线性生产—末端治理—清洁生产经历了三大发展演进阶段，生态风险政策工具已从工业化初期几乎没有生态风险管制的阶段发展到命令—控制型阶段，再发展到命令—控制型与市场型、自愿型协同并存的阶段。工业化初期，大部分工业聚集区都属于粗放型的制造型工业聚集区，其生产模式大多是线性的，线性的生产模式即从原始生态圈获取资源，进而加工、生产成产品后将污染物再投入原始生态圈中的“线性污染循环”。直到 20 世纪中叶，这种线性的生产模式已经给生态风险造成了重大的破坏时才引起人们的关注。政府开始有目的地设计和制定命令—控制型的生态风险政策工具。此时的主要工业生产模式演变为先污染、后治理的末端治理模式。这说明生态风险已经开始成为人们关注的重点问题，在保证经济发展的同时，人们也开始为生态风险保护和生态风险治理采取一系列的解决方案来尽可能地降低经济发展对生态的破坏程度。到了 20 世纪末，“可持续发展”已经成为世界各国共识的未来经济发展模式，清洁生产成为主要的工业发展模式，即实现“资源—产品—污染物—再生资源”的反馈式循环物质链，实现全过程治理模式。伴随着市场经济的发展，市场型以及自愿型的生态风险政策工具逐渐成为各国政府、工业聚集区的宠儿。

第二节 生态风险管制中的成本分类及其演进

对于生态风险管制来讲，制定和实施一项生态风险政策工具的成本主要包括两部分：一部分是工业聚集区实际用来削减、治理污染的投资，即排污治理成本；另一部分是政府制定的生态风险政策工具的交易成本，交易成本包括制定、执行、监督等保证该政策工具实施的成本。排污治理成本包括排污者与监管者用于污染治理的投入。生态风险政策工具的交易成本包括制定总量控制目标、生态风险分担标准、生态风险分担绩效、生态风险分担权的分配与相关机制建立等所需要的监督成本、行政审批成本、强制执行成本、信息成本等。对于传统的生态风险，经济学关注生态风险管制效率，即重点研究对于整个生态风险系统的污染治理成本最小化。但在现实当中，无论是排污者还是监管者甚至是社会大众大多关注着排污治理成本，而忽略了政府所制定和实施生态风险政策工具所带来的交易成本和机会成本，所以在实际的生态风险治理中，尤其在我国出现“工业聚集区守法成本高、监管部门实施成本高、工业聚集区违规成本低”的现象，不仅会使整个生态风险系统的治理产生负影响，而且会影响我国生态风险政策的完善与推广，不能实现生态风险管制的经济性，会造成社会经济成本的增加，由此会降低整个社会的福利投入资源。

所以政府在考察和评估对于生态风险管制效率以及所制定和实施的生态风险政策工具的选择与实施时不能仅考虑减排的规模与数量，更要考虑生态风险政策所产生的交易成本效率以及整个社会经济的成本效率问题。

目前，新制度经济学中有三个关于人的行为的基本假设：第一是完全理性不现实——现实中总存在“有限理性”；第二是完全信息不存在——现实中往往“信息不对称”；第三是现实中很难做到利润最大化。在生态风险管制过程中，由于市场中会产生垄断、外部性、公共物品和不完全信息导致的市场失灵引起的价格扭曲，所以政府会进行生态风险管制，将污染造成的外部性内部化，并使人的行为规范化，减少由于人的机会主义的利益导向而造成对他人和社会的损害，从而提高整个社会的福利。人的有限理性、不完全信息和机会主义倾向都会使所实施的政策工具产生交易成本。

从图 6－2 中可以看出，污染治理的市场均衡在没有交易成本的情况下，最优治理水平是污染治理的边际效益曲线（需求曲线 D）与污染治理的边际成本曲线（供给曲线 S）交点对应的治理水平 g。当存在交易成本时，污染治理的供给曲线向上方移动，导致此时的均衡治理水平 g_2 低于无交易成本时的最优治理水平。交易成本的存在还使污染治理的边际效益下降。因此，在供给曲线不变的情况下，新的均衡治理水平 g_1 也小于无交易成本时的最优治理水平。交易成本对污染治理的边际成本和边际效益的双重影响会导致均衡治理水平 g_3 偏离最优治理成本的程度进一步加大。由于交易成本的存在，生态风险政策选择的成本最小化原则不再只是遵循污染治理成本最小化，而是希望实现污染治理成本与实施生态风险政策工具的交易成本之和最小化。

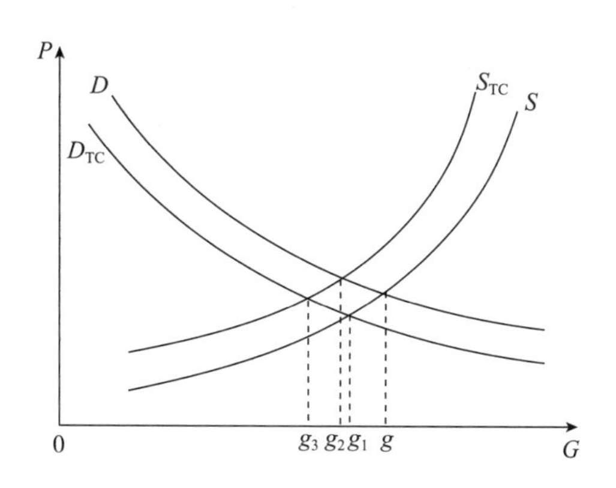

图 6－2　交易成本对最优污染治理水平的影响

按照生态风险政策工具的制定者在实际管制过程中的不同角色和利益关系通

常可以将交易成本划分为行政审批成本、监督成本、信息成本、谈判成本、强制执行成本以及寻租和护租成本。

（1）行政审批成本。行政审批成本是政府批准生态风险分担者生产和经营以及发放排污许可、排污权分配或者谈判达成时产生的成本。由于监管部门的层级较多，手续较为烦琐，有时候审批过程过长会直接影响项目建设的时间，延长项目完成的周期，造成不必要的额外交易成本。

（2）监督成本。在现实的生态风险管制中，监管者、排污者以及社会大众对于排污者的污染治理成本、管制成本和实施成本等是不完全信息的，因此可能会出现道德风险和逆向选择。对于排污者的规避法律倾向，监管者需要进行及时的监督，所以需要投入一定的资源，会造成审核、抽查、检测等费用，还包括技术、设备和运行的费用，或者委托第三方对污染情况进行检测的费用，所有这些产生的费用形成了监管者的监督成本。

（3）信息成本。信息成本是与生态风险管制有关的污染单元、生态风险本体以及本体受影响后相关信息的管理成本、传递成本、应用成本以及对污染治理的技术、交易市场中的参与者、价格信息等的搜寻成本。

（4）谈判成本。谈判成本包括两部分：一是发生在法律框架内，即监管者和污染者为了达成合法、交易双方可以接受的契约而进行谈判所产生的成本；二是发生在法律框架外，即部分环保团体、工业聚集区或者一些行业利用其影响力与政府监管部门谈判，迫使政府做出立法或执法上的让步所产生的成本。

（5）强制执行成本。强制执行成本一般包括司法成本和生态风险补偿成本。司法成本主要包括与诉讼相关的成本，如律师、取证等成本，另外还包括诉讼时间的机会成本。生态风险补偿成本是政府强制排污者为其染污行为支付的各种生态风险补偿费用。

（6）寻租和护租成本。寻租和护租成本考虑了排污者有贿赂监管者以获得宽松的监管生态风险的动机，监管者自身也有权力寻租使个体或者整个利益机构实现利益的最大化动机。寻租成本是一种资源的浪费，因为它不产生任何社会财富，反而会影响整个社会的总体经济效率。由于寻租成本的存在，则就会产生监督、杜绝寻租现象的护租行为，由此会产生护租成本，如加大对于反贪、纪检等的资源投入。

第三节　主要生态风险政策工具的分类

生态风险政策工具的设计与演进终极目标是进一步提高管制效率。但是在考

虑成本效率的条件下，不仅要考虑对污染治理数量、规模、进度的最优化，更要考虑污染治理成本、交易成本、社会经济成本的最小化和最优化。目前，生态风险政策工具的划分主要按照庇古理论和科斯理论作为划分标准的理论和评判基础，由表6－1可知，在庇古与科斯两种手段下不同生态风险政策工具的作用机理和特征。目前，生态风险政策工具可以分为命令—控制型、市场激励型和自愿型三大类，具体如表6－2所示。

表6－1 庇古理论和科斯定理的主要特征

比较项目	庇古理论	科斯定理
政府干预作用	较大	较小，产权界定后不需要
市场机制作用	较小	较大
政府管理成本	较大	较小
市场交易成本	较大	参与经济主体少时不高，参与经济主体多时很高
面临危险	政府失灵	市场失灵
经济效率潜力	帕累托最优	帕累托最优
参与经济主体	污染者	污染者与受害者
对技术水平的要求	较高	较低
偏好情况	政府更加偏好	公众更加偏好
产权	关系较小	产权界定是前提
调节灵活性	调整税率，需要一个过程，易造成时滞	灵活，协调各方可随时商定
选择与决策	集体选择，集中选择	单个选择，分散决策

表6－2 生态风险政策工具分类情况

命令—控制型	市场激励型	自愿型
生态风险标准	污染税	自愿、非自愿协议
产品标准	产品税	技术契约
产品禁令	生态风险分担权	合作网络
入市批准	生态风险补贴	信息共享
工艺管制	废旧资源回收	—
规定技术	生产者责任制	—

资料来源：OECD（1997）。

一、命令—控制型生态风险政策工具

依靠政府或出台法律法规对污染生态风险分担工业聚集区进行引导、限制或禁止的方式，即称为命令—控制型生态风险管制工具。命令—控制型政策工具主要包括制定和执行生态风险质量标准、技术标准等，以划分相应的功能区并建立生态风险和保护计划为目标。我国现阶段使用的命令—控制型生态风险政策工具主要包括污染物生态风险分担标准制度、排污权许可证制度、限期治理制度、“三同时”建设项目制度、生态风险目标责任制等。命令—控制型生态风险政策工具的主要优点就是能够直接对污染生态风险分担主体进行管制与控制，如对生态风险分担工业聚集区的先进设备引进、生产工艺升级、生态风险友好产品设计等，同时还能使如空气、土壤、水等自然资源、生态风险介质等的相关管理与约束达到政府设定的标准的规格。由此可以看出，命令—控制型生态风险政策工具能够使政府机构直接管制生态风险分担工业聚集区的行为，使其符合标准和规范，提供相对可以预见的污染程度和水平。

虽然命令—控制型生态风险政策工具对于生态风险的治理起到了一定的促进作用和成效，但是从 20 世纪 80 年代以来，命令—控制型生态风险政策工具开始受到各界的批评。例如，美国环保局从 20 世纪 80 年代开始对法律、政策的成本和效益进行分析，学术界也开始出现大量对于命令—控制型生态风险政策工具缺陷批评的研究。不少生态风险经济学家认为，技术强制法规导致的社会总的污染治理成本很高。命令—控制型生态风险政策工具往往会要求排污工业聚集区采用排污改善技术使工业聚集区的生产和经营所排放的污染物达到政府和社会所能接受的水平。但是在实际的生态风险管制过程中，监管者对于不同的排污者的边际污染治理成本是不完全信息的，但又要求排污工业聚集区达到统一的污染生态风险分担标准目标，这样会导致边际治理成本非常高，从而导致整个社会的总治理成本也较高。另外，制定和实施命令—控制型生态风险政策工具的信息成本也很高。监管者要想设计和制定该类政策，就必须掌握大量相关的生态风险信息、技术信息和成本信息。但是信息的获得和处理成本大部分情况是较高的。随着生态风险与经济、社会的矛盾日益突出，命令—控制型生态风险政策工具在面对较复杂的生态风险问题时作用并不明显。由于官僚主义，行政审批手续复杂、时间冗长，不少工业聚集区中的企业抱怨命令—控制型生态风险政策工具不能使其有足够的灵活性去寻找低成本、高效益的削减方式，反而会增加额外的交易成本和机会成本。

在我国现阶段，命令—控制型生态风险管制工具主要有以下几方面的缺陷与不足。第一，该类政策工具具有一定的滞后性，不能及时地对生态风险状况、经济状况以及新技术的变化与应用做出反应，由此会降低该类政策工具的管制效

率。第二，该类政策工具具有一定的阻碍性，难以对工业聚集区的管理创新、机制创新和技术创新提供驱动力，阻碍市场对资源的优化配置能力，无形当中会加大社会经济成本，减少社会福利。第三，该类政策工具具有一定的设计缺陷性，其实施的有效性对相关的信息具有非常严重的依赖性，但是在现实当中，这些相关的信息往往是很难获得的，或者获得这些信息所花费的成本非常高。第四，该类政策工具具有一定的僵化性，对不同区域、不同工业聚集区进行统一的标准化，极容易产生低效、浪费和弱激励。

二、市场型生态风险政策工具

由于命令—控制型政策工具会导致社会总治理成本较高，难以实现资源的有效配置，因此，世界各国也在积极地寻找新的政策工具形态，力图实现社会总治理成本的最小化和资源配置的最优化。市场型生态风险政策工具，也称作市场激励型生态风险政策工具，指通过市场的方式来促进生态风险、经济和社会最优目标实现的政策工具，一般主要包括基于庇古理论的税费形态和基于科斯产权理论的排污权交易形态等。

在生态风险政策工具设计和实施较为完善、成熟的西方发达国家与亚洲较为发达的国家中，市场型生态风险政策工具较命令—控制型生态风险政策工具受到更多的青睐。市场型生态风险政策工具可以细分为价格机制、创建市场、生态风险补贴和投融资政策、押金—返还政策、生态风险损害责任制度五大类，具体如表6－3所示。

表6－3　市场型生态风险政策工具的细分与实施形态

政策细分		主要实施形态
价格机制	收费机制	排污费、使用费、准入费、管理费、生态风险补偿费等
	税收方式	污染税、产品税、进出口税、差别税、租金税、资源税等
	绿色定价	能够体现资源的生态风险和生态价值的定价机制
创建市场	产权明晰	各种生产要素的所有权、使用权和开发权等
	污染生态风险分担权交易	可交易的污染生态风险分担权、配额开发，如水交易权、生态风险分担交易权等
生态风险补贴和投融资政策		财政转移支付、软贷款、优惠利率、生态风险基金、环保投资的财政补贴等
押金—返还政策		押金返还、绩效债券等
生态风险损害责任制度		相关法律责任、罚款、生态风险责任保险、守法奖金等

1. 税费形式

税费形式是庇古理论在生态风险政策中的运用。以税费形式为主的生态风险政策工具指的是国家对于污染生态风险、破坏生态和使用或消费资源等影响生态风险行为采取的，以提高经济效益、改进生态风险状况的一系列税费形式的政策工具的总称。通常包括的税费种类有生态风险污染税、资源使用税、生态补偿税、生态风险产品税等。税费形式的生态风险政策工具在发达国家的生态风险治理当中应用较为普遍，因为该政策工具可以有效提高排污工业聚集区的经济效率和提高生态风险管制效率。碳税（Carbon Tax）是通过对消耗化石燃料的产品或服务，按其碳含量的比例进行征税的一种生态风险税。目前，在美国科罗拉多州的波尔得市已开始征收碳税。加拿大的魁北克省也开始征收碳税，不同的是其针对煤炭、石油、天然气等能源公司征税。碳税在北欧等国家已被广泛接受，并以不同的形式征收。

与命令—控制型生态风险政策工具相比，税费形式的政策工具有以下三个优点。第一，可以有效促进工业聚集区进行技术创新、管理创新和机制创新，工业聚集区为了合理减税，会增加进行技术和工艺的改善与创新。第二，制定科学合理的税率，即税费为社会成本和私人成本之差，此时工业聚集区的私人成本与社会成本重合，均衡点为社会最优生产量和社会最优污染量。第三，可以有效降低监管者的交易成本。但是，征收税费这种方式的生态风险政策工具也存在明显的缺陷。最优税率的设计和制定需要大量相关的信息，如污染工业聚集区的边际成本和边际收益及造成的边际外部成本等相关信息。在现实当中，这些信息监管者是很难获得的，或者获得信息的成本太高。因此，在实践当中很难设计最优的税率，只能通过不断的尝试和修正。此外，部分监管结构可能产生的“寻租”行为也会导致生态风险管制效率的低下，造成资源的浪费。

2. 生态风险分担权交易形式

生态风险分担权交易是基于科斯产权理论在生态风险政策工具中的具体运用与实施的一种政策形态。生态风险分担权交易理论最早是由美国经济学家戴尔斯于1968年提出的，生态风险分担权交易主要是指在污染物总量控制下，以市场作为导向标，基于市场机制建立污染物的生态风险分担权申请、生态风险分担权许可的交易市场，以实现生态风险保护、污染物控制的目标。生态风险分担权交易的作用机理主要是政府根据一定时期内经济社会对于生态风险污染的容量而制定生态风险分担污染物的总量，由此来给生态风险分担工业聚集区发放排污权许可证，如果工业聚集区申报的污染量超过许可证的上限，工业聚集区就必须去排污权交易市场购买一定额的排污权许可证，否则会受到政府相应的经济惩罚和制裁；如果工业聚集区生态风险分担的污染量小于所购买的许可证上限，则该工业

聚集区可以将剩余的许可证量在排污权交易市场出售以获取利润或者进行储存以备后用。排污权交易机制是政府运用法律手段将经济权利与市场交易机制相结合以控制生态风险污染的一种有效的政策手段。

该理论已经在欧美发达国家相关领域得以实际应用，并取得了一定的效果。生态风险分担权交易形式的生态风险政策工具最早是由英国提出的，将各国的生态风险分担量化成合法的生态风险分担权指标，基于此建立一个生态风险分担权交易体系，针对生态风险分担工业聚集区的生态风险分担量来分配碳配额，使该配额可以在碳交易市场上合法地交易，以实现生态风险分担工业聚集区自主减排的目的。

目前，欧盟于2005年建立了欧盟生态风险分担交易体系（EU ETS），是世界上规模最大的温室气体生态风险分担交易机制。自EU ETS建立以来，碳交易量及其成交金额都在稳步上升，占世界碳交易总量的近3/4。2005～2011年EU ETS的碳交易量情况如图6－3所示。

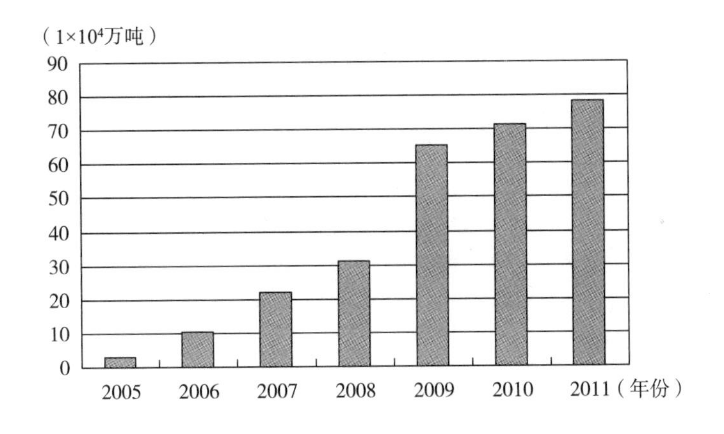

图6－3　2005～2011年EU ETS碳交易量

数据来源：世界银行报告统计数据。

此外，其他国家与地区也纷纷建立了生态风险分担权交易体系以减少温室气体生态风险分担。例如，美国建立了四个区域的温室气体减排机制，包括区域温室气体减排行动计划（RGGI）、西部温室气体倡议（WCI）、气候储备方案（CAR）和中西部地区温室气体减排协议（MGGRA）；大洋洲生态风险分担交易市场主要包括世界上最早的针对电力工业聚集区的基于总量控制的澳大利亚新南威尔士州温室气体减排计划（NSW GGAS）和新西兰温室气体减排体系（NZ ETS）；近几年来，亚洲也开始重视生态风险分担交易体系、机制的建立与设计。具体情况如表6－4所示。

表 6-4 亚洲主要国家生态风险分担交易体系建立情况

碳交易市场	启动时间	参与意愿	运作机制	参与行业
日本东京都温室气体交易体系	2010 年	强制	总量配额交易	工商业领域的约 1400 个生态风险分担源
日本自愿性生态风险分担交易体系（JVETS）	2005～2007 年	自愿	总量配额交易	自愿参与工业聚集区
韩国生态风险分担交易体系	2015 年	强制	总量配额交易	大型电力生产、制造和运输以及国内航空业
印度节能证书交易体系（PST）	2012 年	强制	节能证书交易	水泥、钢铁、造纸、铁路、纺织等

整体上来讲，排污权交易制度有以下几方面的优点：第一，排污权交易制度的建立迫使工业聚集区将生态风险视作一种生产要素纳入生产决策中，将生态风险保护与治理同工业聚集区自身收益与发展紧密联系起来。对工业聚集区的技术与管理创新起到很大的推动和激励作用。第二，实施排污权交易制度是以总污染量控制为基础的，所以可以保证区域内排污总量在生态风险承载力接受的范围之内。第三，排污权交易制度相较于命令—控制型的生态风险政策工具具有较高的灵活性，其具体的作用机理本书将在第六章进行重点研究。排污权交易制度也有较为明显的缺点：第一，生态风险污染物的总量难以界定。第二，需要以完善的市场经济和技术作为基础，需要更好的排污权分配方法。第三，产权不清使交易主体不明，会导致该政策工具实施的交易成本过高。

3. 生态风险补贴形式

生态风险补贴也是基于庇古理论的一种生态风险政策工具，是指为了实现生态风险保护和节约资源的目的，政府采取一系列的政策对工业聚集区的减排行为进行干预，对工业聚集区在生态风险治理方面进行财政支持，即将生态风险成本内部化的政策手段。生态风险补贴的形式主要包括拨款、贷款和税金减免。目前，生态风险补贴形式已被许多国家所应用并推广。如法国给工业聚集区提供以贷款形式为主的财政支持以控制水污染；意大利为固体废弃物的回收和再利用提供财政补贴，鼓励那些以治理生态风险污染为目的而优化生产程序和生产工艺的工业聚集区；德国为改进生产工艺、引进新型设备以减少生态风险污染而导致资金周转不灵的中小工业聚集区设置了生态风险补贴系统，促进和鼓励中小工业聚集区转变发展模式，鼓励其进行管理创新、技术创新等。

三、自愿型生态风险政策工具

自愿型生态风险政策工具属于非正式的政策制度。由于在确定客体产权中存在的交易成本较高而导致的自由谈判、协商机制失效进而产生的一种生态风险政策工具。随着经济的不断发展，工业门类划分越来越细、越来越繁杂，产品的生产向着市场化、专业化、个性化发展，产品的生命周期越来越短，所以正式的政策制度会因为执行成本较高而不符合成本效率的原则，由此，非正式的制度如自愿型生态风险协议、公众参与等越来越受到人们的关注。自愿型生态风险协议指以本着自愿的状态建立政企、工业聚集区间相互制约的关系以促进工业聚集区不断改进和完善其治理生态风险的能力。公众参与指通过环保教育、宣传环保概念、培养人们的环保意识，使人们能够自觉地减少生态风险破坏，另外，公众还可以通过投诉、听证、抵制等形式参与政府对工业聚集区的监督与管理，使管理者与被管理者的决策更加透明化。

自愿型生态风险政策工具的优点是能最大限度地调动工业聚集区改善生态风险、治理生态风险的积极性，促进工业聚集区进行管理创新、机制创新和技术创新。同时，自愿型生态风险政策工具还能降低交易成本，提高政府的生态风险管制成本效率，由此提高生态风险的管制效率。但是，自愿型生态风险政策工具也具有较为明显的缺点：一是要求公众的环保意识较高，但是在现实条件下这种思想上的培养在短期内是难以实现的；二是由于缺乏政府的强制性管理和保护，自愿型生态风险政策工具极易陷入形式主义，使各方付出的管理资源付之东流。

第四节　我国生态风险政策工具的发展现状

一、我国生态风险管制的法律体系

我国从 1978 年以后开始步入了法制化轨道，生态风险保护法律法规也开始进入初步建设阶段。1979 年全国人大常委会通过了《中华人民共和国环境保护法（试行）》。1989 年颁布了正式的《中华人民共和国环境保护法》，成为我国进行生态风险治理的基本法。我国主要的生态风险管制法律法规如表 6－5 所示。

表 6－5　我国主要的生态风险管制法律法规

<table>
<tr><th colspan="2">法律类别</th><th>相关法律法规</th></tr>
<tr><td colspan="2">国家的基本法</td><td>《中华人民共和国宪法》</td></tr>
<tr><td colspan="2" rowspan="2">有关生态风险的在法律法规中规定的责任条款</td><td>《中华人民共和国民法通则》中关于生态风险污染民事责任的相关规定</td></tr>
<tr><td>《中华人民共和国宪法》中关于生态风险污染的刑事责任的相关规定</td></tr>
<tr><td colspan="2">生态风险保护基本法</td><td>《中华人民共和国环境保护法》</td></tr>
<tr><td rowspan="10">生态风险管制单行法律法规</td><td>水污染</td><td>《中华人民共和国水污染防治法》及其具体实施细则（1996 年 5 月 5 日修订）</td></tr>
<tr><td>海洋污染</td><td>《中华人民共和国海洋环境保护法》</td></tr>
<tr><td>流域水污染</td><td>《安徽省淮河流域水污染防治法》</td></tr>
<tr><td>大气污染</td><td>《中华人民共和国大气污染防治法》及其具体实施细则</td></tr>
<tr><td>固体废物污染</td><td>《中华人民共和国固体废物污染生态风险防治法》</td></tr>
<tr><td>噪声污染</td><td>《中华人民共和国环境噪声污染防治法》</td></tr>
<tr><td>清洁生产</td><td>《中华人民共和国清洁生产促进法》</td></tr>
<tr><td>生态风险影响评价</td><td>《中华人民共和国生态风险影响评价法》</td></tr>
<tr><td>循环经济</td><td>《中华人民共和国循环经济促进法》</td></tr>
<tr><td>放射型污染</td><td>《中华人民共和国放射性污染防治法》</td></tr>
<tr><td colspan="2" rowspan="6">程序性法律法规</td><td>《中华人民共和国行政诉讼法》</td></tr>
<tr><td>《中华人民共和国行政处罚法》</td></tr>
<tr><td>《中华人民共和国行政复议法》</td></tr>
<tr><td>《中华人民共和国行政许可法》</td></tr>
<tr><td>《中华人民共和国公务员法》</td></tr>
<tr><td>《中华人民共和国政府信息公开条例》</td></tr>
</table>

二、我国生态风险政策工具的制定与实施

1. 命令—控制型

目前，我国现行的生态风险政策工具大多属于命令—控制型，进行污染管制主要是建立在达标生态风险分担和总量控制基础上的点源污染控制方式。

达标生态风险分担和总量控制是我国进行生态风险污染治理的“两道防线”。“第一道防线”达标生态风险分担是指根据污染物生态风险分担进入的生态风险的功能确定达标的等级，如一个工业聚集区的废水处理应该满足《污水综

合生态风险分担标准》或相关行业污水生态风险分担标准。当达标生态风险分担仍不能满足区域生态风险改善的要求时，排污总量控制是保障区域生态风险质量改善的“第二道防线”。早在1996年我国就正式把污染物生态风险分担总量控制政策列为“九五”期间生态风险保护的考核目标。“十五”期间，我国环保工作的重点全面转移到污染物生态风险分担的总量控制上。例如，制定酸雨的区域总量削减目标，新项目的建设必须在环评阶段就向当地环保部门提出预期达到的生态风险分担标准和生态风险分担总量指标。在我国的环保技术和投入资金允许的情况下，我们也可以借鉴美国在水污染防治中的先进经验，即“第三道防线”。“第三道防线”是指为满足区域生态风险质量的改善，限制每日的最高允许生态风险分担浓度和生态风险分担量。另外，根据我国出台的《中华人民共和国清洁生产促进法》，对于不能满足达标生态风险分担和总量控制要求的工业聚集区，必须进行强制的清洁生产审核。力求从源头削减污染，降低末端治理的成本。

2. 市场激励型

我国的市场激励型政策工具主要包括排污收费、排污权交易、污染税和生态补偿等。

（1）污染收费。污染收费作为我国很早应用的市场激励手段之一，早在1978年就开始试行了，我国1982年颁布了《征收排污费暂行办法》，2003年7月1日开始实施《排污费征收使用管理条例》，从原来的超标生态风险分担收费拓展为按污染物种类和数量排污收费与超标收费并存的收费模式。

（2）排污权交易。目前，我国的排污权交易制度尚未全面实施，仍处于试点阶段。20世纪80年代以来，我国已在10多个城市开展了排污权交易试点，其中，包括大气污染物、水污染生态风险分担权以及目前的生态风险分担权。1987年，上钢十厂为解决废水处理问题首先尝试实施排污权交易，并取得了一定的效果。对于水权交易制度，江苏省为了治理太湖流域的水污染问题一直致力于建立科学合理的水污染权交易机制。在1994年，我国将包头、柳州、太原、贵阳等城市选为大气污染生态风险分担权交易的试点城市。2002年将山东、山西、河南、天津、上海等选为二氧化硫生态风险分担权交易试点城市。

排污权交易政策工具的设计、制定和实施过程是一个创建区域总量控制基础上的排污权交易市场的过程，要有完善和成熟的政策、法律法规和技术、资金、人力等资源与之相配套、相补充。由于我国的排污权交易市场尚未全面推行，排污权交易市场也没有充分公开和交流的途径，在排污权交易市场中的工业聚集区需要投入较高的信息成本、谈判成本等交易成本，而且还会提高政府的行政审批成本和监督成本。基于历史的经验，我国的生态风险分担权交易政策工具的设计和实施也会面临着相似的困难，不仅要考虑市场的配套问题、建成后的实施效果以及工业聚集区的参与情况，而且要考虑生态风险分担权交易的成本效率问题。

（3）污染税。在我国以往的税法中并未正式引入污染税的概念，但我国一直也在不断尝试采用税收手段等经济杠杆来解决生态风险保护和治理问题。污染税主要包括鼓励“三废”综合利用、减少污染物生态风险分担和鼓励清洁生产三个方面。

（4）生态补偿。20 世纪 90 年代后期，我国中央政府开始以财政转移支付的手段实行跨行政区域的生态补偿。除中央的转移支付以外，一些地方性的生态补偿项目也逐步兴起。例如，浙江省针对生态风险保护问题关闭了一些造纸厂和化工厂并进行相应的补偿；新疆为了解决塔里木河下游的荒漠化问题，当地政府对中上游用水进行限额使用。有些学者将我国的生态补偿机制称为“供方的生态有偿服务”。但是，由政府决定支持生态风险服务和补偿数额会降低管制效率。

3. 自愿参与型

我国从 20 世纪 90 年代就开始通过开展自愿活动来推动生态风险保护和治理。如我国通过推广绿色社区、生态村、生态示范区、生态城等创建活动来促进社会大众对生态风险保护的广泛参与。截至 2008 年底，我国共有 33 个生态工业示范园区，建成 12455 所绿色学校，5236 个绿色社区，72 个国家级生态风险保护模范城市。

三、我国市场型生态风险政策工具的发展现状

相较于欧美和亚洲的发达国家，我国在市场型生态风险政策工具的设计、实施和执行上起步较晚。目前，生态风险分担权交易与碳税是我国准备试行的主要生态风险政策工具。其中，碳税的设计与制定还在研究中，而生态风险分担权交易机制和碳交易市场在我国已经开始进入起步建设阶段。针对以二氧化碳为主的温室气体生态风险分担问题，国家发改委于 2010 年 7 月 19 日发布《关于开展低碳省区和低碳城市试点工作通知》。将广东、辽宁、陕西、湖北、云南五省和天津、保定、贵阳、重庆、厦门、深圳、杭州、南昌八市选为我国第一批国家低碳试点城市。2012 年，国家发改委确定了在北京、天津、上海、重庆、广东、湖北和深圳 7 个省市建立生态风险分担权交易试点。时任国家发改委应对气候变化司司长苏伟明表示，目前，我国正在重点探索区域内的生态风险分担交易机制，如以京津冀为中心辐射华北五省的区域性碳交易规则和机制，为全国的生态风险分担权交易市场提供可参考的模式和发展路径。

我国“十二五”期间首次明确提出要建立生态风险分担交易市场，完善生态风险分担交易制度。可靠的碳金融价格预测作为重要的决策工具可以为我国制定生态风险分担交易市场相关政策、提高碳市场风险管理能力及减少碳资产流失

提供有效的依据。2005 年《京都议定书》的正式生效，标志着利用市场机制进行温室气体减排的开端，碳交易市场在全球迅速发展起来。目前，碳衍生产品市场的发展速度要远超碳现货市场，而且生态风险分担现货、期货、远期、期权等碳金融产品已发展成为市场参与者实现生态风险分担的投资组合收益、增强金融风险管理的主要金融管理工具。据世界银行统计并预测，2011 年全球生态风险分担市场总交易规模达 1760 亿美元，交易量达 103 亿吨二氧化碳当量，较 2010 年增长 11%，预计 2020 年将达到 3.5 万亿美元，将取代石油市场成为全球最大的商品交易市场。目前，中国碳交易市场处于初步建设阶段，尚处于碳价值链的末端，缺乏碳交易的议价权，导致我国碳资产流失严重，2008 年因碳价差就造成我国高达 33 亿欧元的碳资产流失，建立自主碳交易体系、开展各类碳金融业务已成为我国参与全球国际碳金融竞争、实现可持续发展的当务之急。碳金融价格预测作为提高碳金融市场风险防范能力和减少碳资产价值流失的有效途径之一，目前已成为学术界所关注的热点，所以探究和开发针对当前国际碳金融市场价格波动特征下的价格预测方法是具有现实意义的研究课题。此处介绍一种针对碳金融市场价格的预测模型，即基于 EMD – PSO – SVM 的误差校正预测模型，旨在为我国的碳金融市场价格波动与风险控制的研究提供些许参考与借鉴。

目前，国内外学者针对国际碳金融市场价格的预测方面进行了大量的研究，所采用的模型和方法主要可以分为数据驱动模型和数据发掘模型两种。数据驱动模型主要是对碳市场价格组成的时间序列进行深层次的分析和模拟，包括利用 ARMA、ARCH、GARCH、TGARCH 等方法对碳金融市场价格进行预测。Chevallier J. 等构建了 AR（1）– GARCH（1，1）模型对 EUA 现货、EUA 期货和 CER 期货价格波动特征进行了预测与分析。Suk Joon Byu 和 Hangjun Cho 对比了 GARCH、K 近邻算法和隐含波动率的对于碳期货价格的波动性预测能力，研究结果表明，GARCH 模型要优于 K 近邻算法和隐含波动率。Yudong Wang 和 Chongfeng Wu 对比了基于单变量和多变量的 GARCH 族模型在能源市场中的预测效果，结果显示，多变量模型预测效果要优于单变量模型。C. G. Martos、J. Rodriguez 和 M. J. Sánchez 建立了一个多元 GARCH 模型对生态风险分担配额价格进行预测，结果显示，该常见的波动因素可以用于改善预测区间。最近能从大量模糊的随机数据中提取隐含的有价值信息的数据挖掘技术如混沌理论、灰色理论、神经网络以及支持向量机（Support Vector Machine，SVM）等越来越多地被引用到非平稳、非线性时间序列的预测中来。其中，建立在统计学习理论基础上的 SVM 方法在时间序列预测方面具有可以有效缩小泛化误差区间、降低模型的结构风险，同时又保证样本预测误差最小的优点。鉴于碳金融市场价格时间序列的强噪声特征，近几年不少学者将 SVM 方法引入对国际能源价格和国际碳金融市场价格进行预测和分析中，取得较好的预测结果。如

Jinliang Zhang、Zhongfu Tan 提出了一种基于 WT、CLSSVM 和 EGARCH 的混合预测模型，通过对西班牙电力期货市场的节点边际电价和市场供求平均电价进行实证研究验证了该模型具有较好的预测能力。L. M. Saini、S. K. Aggarwal 和 A. Kumar 构建了一个基于 GA－SVM 的预测模型，并将该模型运用到了澳大利亚国家电力市场（NEM）的两个大型电力系统中进行测试，结果显示，该模型具有较好的预测能力。Bangzhu Zhu 和 Yiming Wei 针对传统 ARIMA 模型在预测非线性特征下碳期货价格时的缺陷，构建了 ARIMA－LSSVM 的混合模型，并对 EU ETS 下的两种碳期货价格进行实证研究，结果验证了该混合模型较传统线性时间序列预测模型的优越性。朱帮助和魏一鸣构建了基于 GARCH－PSO－LSSVM 的混合预测模型，并选用 EU ETS 下的不同到期的碳期货合约进行实证分析，取得了较好的预测结果。这些在 SVM 方法基础上改进的方法使预测精度相对于传统预测方法有了较大的提高，但是现有方法仍未有效地解决运用 SVM 方法的预测结果相对于实际值具有滞后性、拐点处误差较大的缺陷，使预测精度受到影响。

针对上述问题，本书构建了一种基于 EMD－PSO－SVM 的误差校正预测模型。该模型是在 SVM 预测的基础上，先运用 PSO 算法对 SVM 模型的参数进行优化后对原始碳金融价格序列进行初步预测，而后引入 EMD 方法将测试误差分解为具有不同尺度特征的模态分量的叠加，并运用 PSO－SVM 模型对这些分量进行训练并预测获得误差预测值后，再通过预测误差对初步预测值的校正来解决预测滞后和拐点误差较大的问题以提高预测精度，选取 ICE 碳交易所 2008～2013 年 12 月到期的 CER 期货合约和 EUA 期货合约的日交易结算价格数据进行实证模拟，最后将预测结果与其他常用预测方法的预测结果进行了比较分析，验证了该模型的可行性和精确性。

1. *研究方法*

（1）EMD 方法原理。经验模态分解（Empirical Mode Decomposition，EMD）方法，亦称 Hilbert－Huang 变换，是由美国国家宇航局的 N. E. Huang（1998）提出的一种新的自适应信号处理方法。经验模态分解可以将信号中不同时间尺度的波动逐级分解后得到几个具有不同尺度特征的本征模函数（Intrinsic Mode Function，IMF）和一个代表原始信号总体趋势的剩余分量，分解结果能够反映真实的物理过程，非常适合处理非平稳、非线性的信号。EMD 的具体分解方法如下：

1）确定原始序列 $x(t)$ 的极大值点和极小值点，采用三次样条函数对上下包络线进行拟合，对极大值和极小值包络线取平均值就得到了平均包络线 $m_1(t)$。

2）将原始序列 $x(t)$ 减去 $m_1(t)$ 就得到了一个剔除低频数据分量的新序列 $h_1(t)$，如式（6－1）所示：

$$h_1(t)=x(t)-m_1(t) \tag{6-1}$$

如果 $h_1(t)$ 仍然不平稳，则用 $h(t)$ 代替 $x(t)$，重复上述过程 k 次，最终所得到的平均包络值趋于 0 为止。这样就得到了第 1 个 IMF 分量 $c_1(t)$，如式（6－2）所示：

$$c_1(t)=h_{1k}(t)-m_{1k}(t) \tag{6-2}$$

3）将原始序列 $x(t)$ 减去第 1 个 IMF 分量 $c_1(t)$ 就得到了第一个去掉高频成分的差值序列 $r_1(t)$，对 $r_1(t)$ 重复进行以上操作就可以得到第二个 IMF 分量 $c_2(t)$ 和另一个差值序列 $r_2(t)$，直到不能分解为止，最后得到了一个不能再分解的序列 $r_n(t)$，$r_n(t)$ 可以代表原始序列的总体趋势，此处 EMD 分解过程结束。这时原始序列就分解成了 IMF 分量和总体趋势的叠加，如式（6－3）所示：

$$x(t)=\sum_{j=1}^{n-1}C_j(t)+r_n(t) \tag{6-3}$$

由于各个 IMF 分量具有不同的频率和振动幅度，因而也就代表了原始序列不同尺度的信息。在处理数据时，为了防止原序列极值端点发生发散现象并“污染”整个结果，此处采用多项式拟合算法对端点做了处理。

（2）SVM 方法原理。SVM 算法是由 Cortes 和 Vapnik（1995）在统计学理论基础上提出的一种新机器学习方法，它遵循结构风险最小化原则且可以对基于小样本高维度非线性系统实现精确拟合，具有较好的泛化能力。SVM 的基本思想是把输入向量通过非线性映射函数 $\phi(x)$ 将数据 x_i 映射到高纬度特征空间 F，并在 F 上进行线性回归。SVM 在高维特征空间中的回归函数如式（6－4）所示：

$$f(x)=w\cdot\phi(x)+b \tag{6-4}$$

其中，$\phi(x)$ 为 R^m 空间到 F 空间的非线性映射函数，$x\in R^m$；w 为权向量；b 为偏置向量。

根据机构风险最小化原则，可以转化为如式（6－5）所示的最小化的线性风险泛函的问题：

$$\min J=\frac{1}{2}\|w\|^2+C\sum_{i=1}^{n}(\zeta_i+\zeta_i^*)$$

$$s.t.\begin{cases}y_i-w\cdot\phi(x_i)-b\leqslant\varepsilon+\zeta_i\\w\cdot\phi(x_i)+b-y_i\leqslant\varepsilon+\zeta_i^*\\\zeta_i,\zeta_i^*\geqslant0,i=1,2,\cdots,n\end{cases} \tag{6-5}$$

其中，$\|w\|^2$ 反映了模型的复杂程度，其值越小则置信风险越小。ε 为不敏感损失系数，ζ_i，ζ_i^* 为松弛变量，C 为惩罚变量，n 为样本的容量。式（6－5）是一个标准的约束优化问题，可运用拉格朗日函数法对其求解。由此可以得到 SVM 回归函数 $f(x)$，如式（6－6）所示：

$$f(x) = \sum_{i=1}^{n}(\alpha_i - \alpha_i^*)K(x_i, x_j) + b \tag{6-6}$$

其中，α 和 α^* 表示拉格朗日乘子。$K(x_i, x_j)$ 为高维空间内积运算核函数，可表示为 $K(x_i, x_j) = \phi(x_i)\phi(x_j)$。鉴于径向基核函数较其他核函数具有参数少、性能好的特点，所以本书采用径向基核函数作为 SVM 的核函数，其定义如式（6－7）所示：

$$K(x_i, x_j) = exp\left(-\frac{\| x_i - x_j \|^2}{2\sigma^2}\right) \tag{6-7}$$

式（6－7）中，σ 为径向基核函数的宽度参数。

（3）PSO 方法原理。粒子群算法（Particle Swarm Optimization，PSO）是 Kennedy 和 Eberhart（1995）提出的一种基于种群的智能优化算法。该法的基本思想是模拟鸟群在飞行中的集体协作来避免飞行迷失的行为，由此使群体实现最优目的。PSO 算法先随机初始化一群粒子，每个粒子被视为每个优化问题的潜在解，并且每个粒子有速度和位置两个参数。假设在一个 s 维的目标搜索空间中，存在规模为 m 个粒子的种群，每个粒子有速度和位置两个参数。第 i 个粒子在 s 维空间的位置表示为 $x_k^i = (x_1^i, x_2^i, \cdots, x_s^i)$ $(i = 1, 2, \cdots, m)$，每个粒子所在的位置就是一个潜在解，粒子的优劣一般由被优化的适应度函数来决定，所以根据目标函数 $f(x_i)$ 计算出 x_k^i 的适应度值 f_k^i 来判断其优劣性。第 i 个粒子的飞行速度 $v_k^i = (v_1^i, v_2^i, \cdots, v_s^i)$，其决定了第 i 个粒子在 s 维搜索空间迭代次数的位移，根据每一个粒子的适应度，更新每个粒子个体最优位置 $P_{best} = (P_1^i, P_2^i, \cdots, P_s^i)$ 和全局最优位置 $H_{best} = (H_1^b, H_2^b, \cdots, H_s^b)$。Kennedy 和 Eberhart 提出粒子具体进化过程如式（6－8）和式（6－9）所示：

$$v_k^i = w_{k-1}v_{k-1}^i + c_1r_1(P_{k-1}^i - x_{k-1}^i) + c_2r_2(H_{k-1}^b - x_{k-1}^i) \tag{6-8}$$

$$x_k^i = x_{k-1}^i + v_k^i \tag{6-9}$$

其中，v_k^i 为第 i 个粒子第 k 次迭代的飞行速度矢量；w_k 为惯性权重；c_1、c_2 为加速因子，一般将加速因子设为 $c_1 = c_2 = 2$；r_1、r_2 为均匀分布在［0，1］区间的随机数；x_k^i 为第 k 次迭代后粒子 i 的位置矢量。在更新过程中，粒子速度的每一维都被限定在［$v_{\min}$，$v_{\max}$］内，以防止运动速度过大而飞过最优解。利用惯性权重 w_k 可以加快收敛速度，使 PSO 可以用自适应改变惯性权重来克服在迭代后期全局搜索能力不足时不能找到最优解的问题。随着每次迭代，所有粒子向最优位置靠近，当达到最大迭代步数或其他预设条件时，算法停止进化，输出最优解。常用对于 SVM 中参数选择的方法有网格搜索和交叉验证等方法，但这些方法计算量较大且搜索时间较长，而 PSO 算法具有操作简单、易于实现，并且可以搜索全局最优解的优势，鉴于此，本书选择 PSO 算法对 SVM 模型中的参数进行

最优化，具体步骤如下：

步骤一，将样本数列进行空间重构形成多维时间序列，产生 SVM 的训练集和测试集。

步骤二，进行初始化，随机生成粒子群，而后对粒子最大速度、惯性权重、最大迭代次数以及参数 C 和 σ 的取值范围进行设置。

步骤三，确定粒子适应度函数。从 SVM 建模过程可知，SVM 学习性能与惩罚系数 C，核函数参数 σ 的选取密切相关，所以目标函数可设为如式（6－10）所示：

$$\min f(C,\sigma) = \frac{1}{n}\sum_{i=1}^{n}(y_i - y_{ri})^2$$
$$s.t.\begin{cases} C \in [C_{\min}, C_{\max}] \\ \sigma \in [\sigma_{\min}, \sigma_{\max}] \end{cases} \tag{6-10}$$

其中，y_i 和 y_{ri} 分别为原始样本数据的预测值和实际值。

步骤四，计算每个粒子的适应度值。根据式（6－10）可得 $F_{fitness} = f(C, \sigma)$，将每个粒子的个体极值 P_{i-best} 设为当前位置，计算出最好适应度值的粒子所对应的个体极值作为最初的整个种群最优位置 H_{best}。

步骤五，用式（6－8）和式（6－9）更新粒子的位置、速度和适应度值。

步骤六，计算每个粒子在更新后的位置上的适应度值，并将其与 P_{best} 和 H_{best} 进行比较，如果优于 P_{best} 或 H_{best} 的适应度值，则用该粒子位置替代 P_{best} 或 H_{best}。

步骤七，判断是否满足终止条件。若满足，则训练结束，输出全局最优位置即为 SVM 的 C、σ 最优值；否则转至步骤四继续参数优化。

2. 模型设计

在运用 SVM 方法对原始时间序列进行初始预测时必定会产生一定的误差，这些误差会造成预测结果与实际结果产生偏差，从而影响预测模型的预测精度。针对这一问题本书构建了基于 EMD－PSO－SVM 的误差校正预测模型，对模型所产生的误差进行准确预测后，将误差预测结果反馈后再对原始时间序列进行预测，即对预测值进行误差校正后会得到更加精确的预测结果。

模型的具体步骤描述如下：

（1）数据预处理。首先将选取的样本数据序列 $\{x_t, t=1, 2, \cdots, n\}$ 转化为矩阵形式，并构造样本 (X_t, Y_t)，其中，$X_t = \{x_{t-m}, x_{t-m+1}, \cdots, x_{t-1}\}$，$Y_t = x_t$。设 m 为滑动时间窗口大小，代表了用前 m 个交易日预测第 $m+1$ 交易日价格。将样本数据序列进行分段处理，根据各阶段特征可以分为训练数据集 I_1、测试数据集 I_2 和预测数据集 I_3，按空间重构原则分别对三个数据集合进行空间重构。

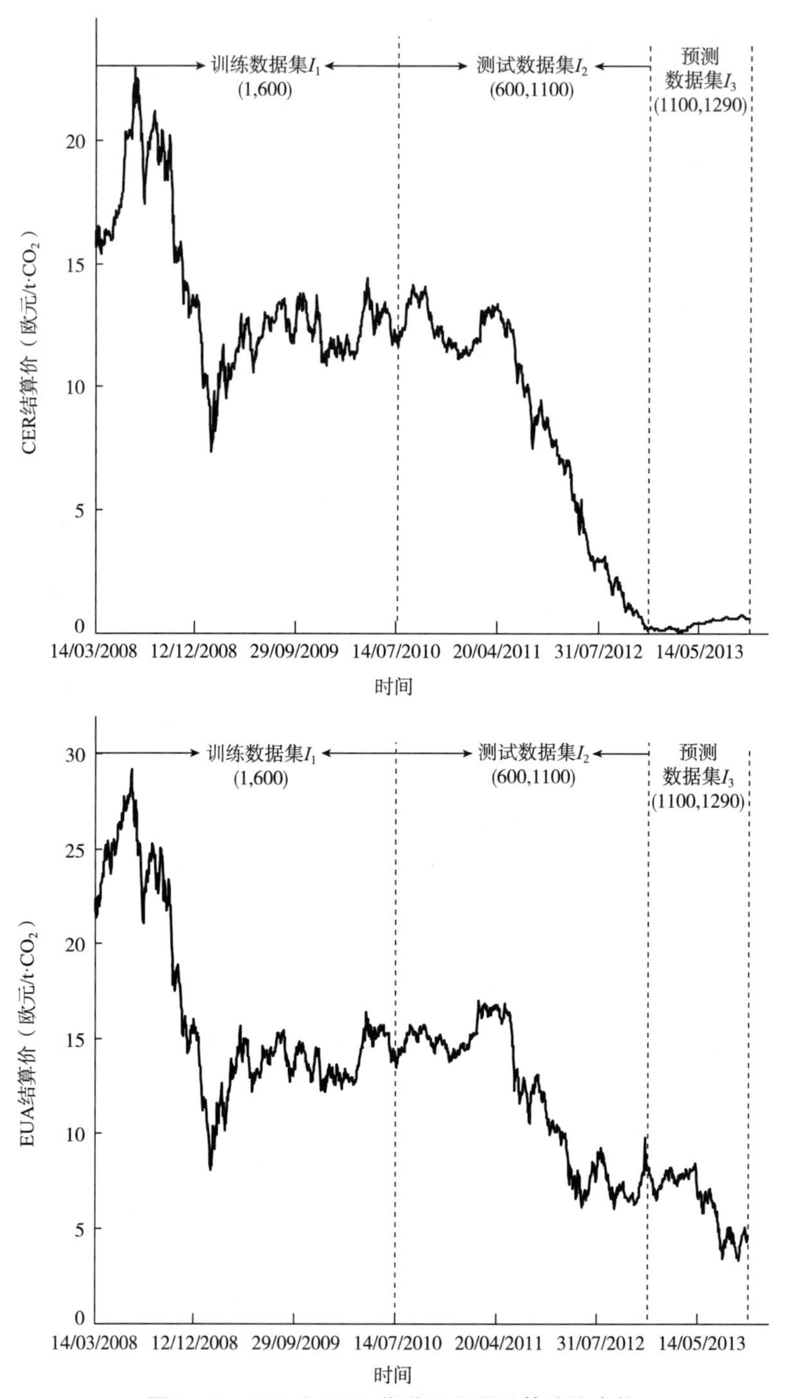

图 6－4　CER 和 EUA 期货日交易结算价格走势

（2）对样本数据序列进行初步预测。运用 PSO 算法对 SVM 模型的参数进行最优化。建立了 PSO－SVM 模型对样本数据序列 I_3 集合数值进行初步预测，得到初步预测值 $P(I_3)$。

（3）运用 EMD 分解误差并预测。首先对 I_1 集合的误差集合建立对 I_2 集合误差值的 PSO－SVM 模型，得到 I_2 集合的误差预测值 EP（I_2），其次利用 EP（I_2）建立 PSO－SVM 模型对 I_3 集合误差进行预测，得到预测值 EP（I_3）。由于误差序列是一种多频谱交叠的信号，具有非平稳、非线性、强随机性等特征，为了克服误差序列多尺度频谱叠加造成的误差，本书在对误差序列进行预测之前运用 EMD 方法将误差序列分解为一系列具有不同时间尺度的信息分量集合，在此基础上针对不同尺度的信息对每个分量预测后通过叠加得到 I_3 集合误差的预测序列。

（4）样本数据序列进行误差校正并预测。分别获得 I_3 集合的初步预测值 P（I_3）以及误差预测值 $EP(I_3)$。利用 $EP(I_3)$ 对初步预测值 $P(I_3)$ 进行校正，从而得到校正后的最终预测值 $P^*(I_3)$。

3. 预测模型实例分析

（1）数据样本的选择。数据选取欧洲最大的 ICE 生态风险分担期货交易所（Intercontinental Exchange）12 月到期日的主力生态风险分担合约期货核证减排量（Certification Emission Reduction，CER）期货和欧盟生态风险分担配额（European Union Allowance，EUA）期货的日交易结算价格作为本书的考察样本。因为目前在欧盟生态风险分担交易体系（European Union Emissions Trading System，EUETS）下，CER 期货和 EUA 期货是流动性最大的两种交易形态，而对 CER（DEC12）和 EUA（DEC12）期货合约价格进行预测可以有效地反映 EU ETS 碳交易市场的总体态势。考虑样本的可获得性和连续性，其中，CER 期货日交易结算价格（DEC12）选取的时间区间是 2008 年 3 月 14 日至 2013 年 9 月 17 日，共计 1290 个样本数据；EUA 期货日交易结算价格（DEC12）选取的时间区间是 2008 年 3 月 14 日至 2013 年 9 月 17 日，共计 1290 个样本数据。图 6－4 为 CER（DEC12）和 EUA（DEC12）期货合约日交易结算价格曲线，单位是欧元/t. CO_2 当量。训练数据集 I_1 区间选为（1，600），测试数据集 I_2 为（600，1100），预测数据集 I_3 为（1100，1290）。

（2）评价准则。为了评价本模型的预测性能并对误差进行测量，本书选用均方根误差（RMSE）、平均绝对误差（MAE）两类指标作为评价准则。RMSE 对于测量数据中的极大和极小误差具有较高的敏感性，能够很好地反映出测量数据的精度，而 MAE 由于离差被绝对值化，不会出现正负相抵消的情况，能较好地反映预测值误差的实际情况。RMSE 和 MAE 分别定义为如式（6－11）和式

(6－12）所示：

$$RMSE = \sqrt{\frac{1}{N}\sum_{i=T}^{T+N}(R_i - P_i)^2} \tag{6-11}$$

$$MAE = \frac{1}{N}\sum_{i=T}^{T+N}|R_i - P_i| \tag{6-12}$$

其中，R_i 为预测的实际值；P_i 为预测值；T 为训练数据集合期数；N 为预测集合期数。

（3）初步预测。利用样本数据的 I_1 集合和 I_2 集合建立 PSO－SVM 模型进行初步预测。输入训练样本，按照该模型算法求得 $C_1 = 114.38$、$\sigma_1 = 0.9138$、CER（DEC12）和 $C_2 = 103.64$、$\sigma_2 = 0.7233$、EUA（DEC12）。PSO 算法进化过程中采用实值编码，初始种群为 20，最大迭代次数为 500，惯性权重 $w_{min} = 0.2$，$w_{max} = 0.9$，加速因子设为 $c_1 = c_2 = 2$，最大速度 $v_{max} = 50$，SVM 参数的范围：$C \in [1, 1000]$，$\sigma \in [0.1, 10]$，适应度函数定义为 $F_{fitness} = f(C, \sigma)$。对样本集 I_3 进行初始预测，具体结果如图 6－5 和表 6－6 所示。

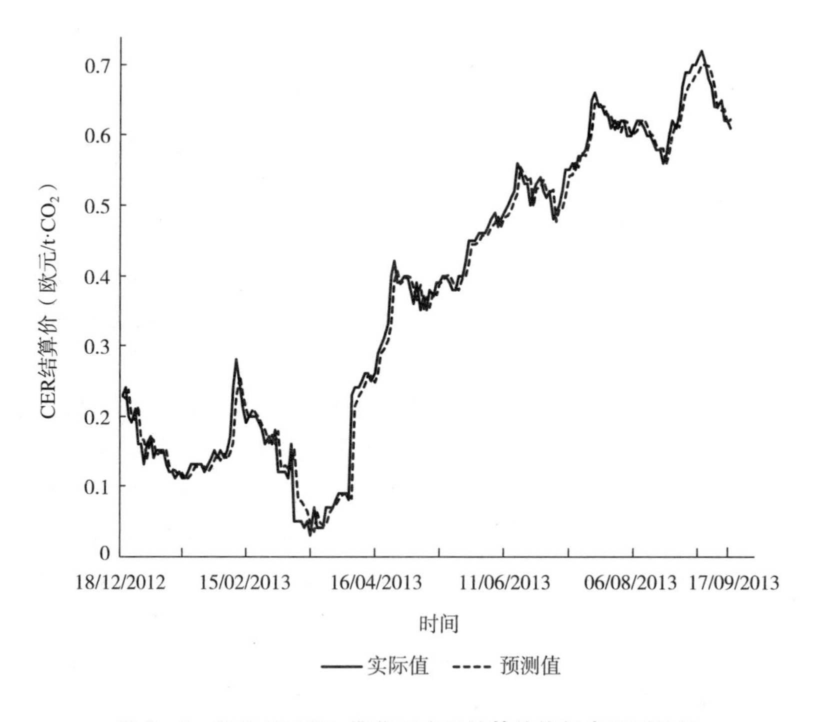

图 6－5　CER 和 EUA 期货日交易结算价格初步预测结果

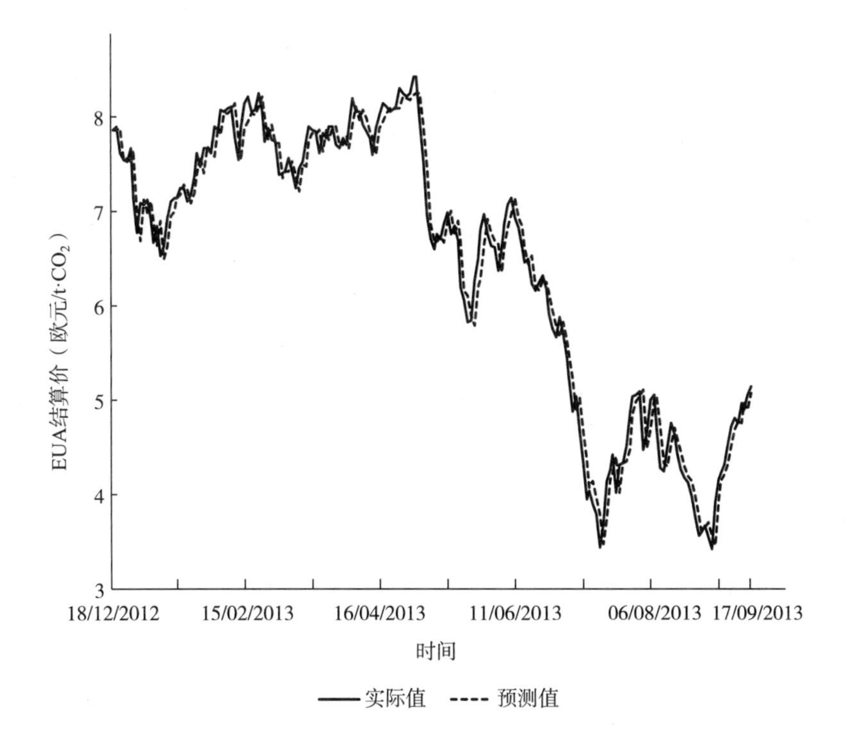

图 6-5 CER 和 EUA 期货日交易结算价格初步预测结果（续）

根据图 6-5 所显示的 PSO-SVM 模型的初步预测结果可以看出，预测值曲线相对于实际值曲线具有非常明显的滞后性，而且在拐点处仍存在较大的误差，影响了模型的预测精度。

（4）EMD-PSO-SVM 误差校正预测模型。如前面所述，误差序列的非线性、非平稳以及携带系统动力信息不足的特点使 PSO-SVM 模型难以对误差值进行精确的预测。本书中出现的误差序列具有很强的随机性，难以选取具有相同时间尺度特征的影响因素。因此本书通过对 CER 期货和 EUA 期货日交易结算价格的测试误差序列进行 EMD 分解，对各 IMF 分量分别预测并将最后结果叠加后得到最终的预测误差值。具体分解过程如图 6-6 所示。

对 CER 和 EUA 的日交易结算价格序列进行误差校正，即先将 CER 和 EUA 的测试误差序列分解后分别得到如图 6-6 所示的 9 个 IMF 分量及一个剩余分量和 8 个 IMF 分量及一个剩余分量，对各分量运用 PSO-SVM 模型进行训练和预测后将各分量的预测值叠加，获得最终的误差预测结果 EP_{CER}（I_3）和 EP_{EUA}（I_3）。然后将其反馈到初始预测序列 P_{CER}（I_3）和 P_{EUA}（I_3）中，得到校正后的预测值 P_{CER}^*（I_3）和 P_{EUA}^*（I_3），如图 6-7 和图 6-8 所示。

根据图 6 – 7 和图 6 – 8 中所显示的预测误差值和误差校正后的最终预测结果表明，对于 CER 和 EUA 的日交易结算价格序列，校正后的预测值与误差预测值的趋势具有较高的一致性，预测结果滞后性和拐点误差大的问题得到了很好的解决。可以看出，基于 EMD – PSO – SVM 的误差校正预测模型取得了较好的预测效果，也说明了本模型在国际碳金融市场价格预测中是切实可行的。

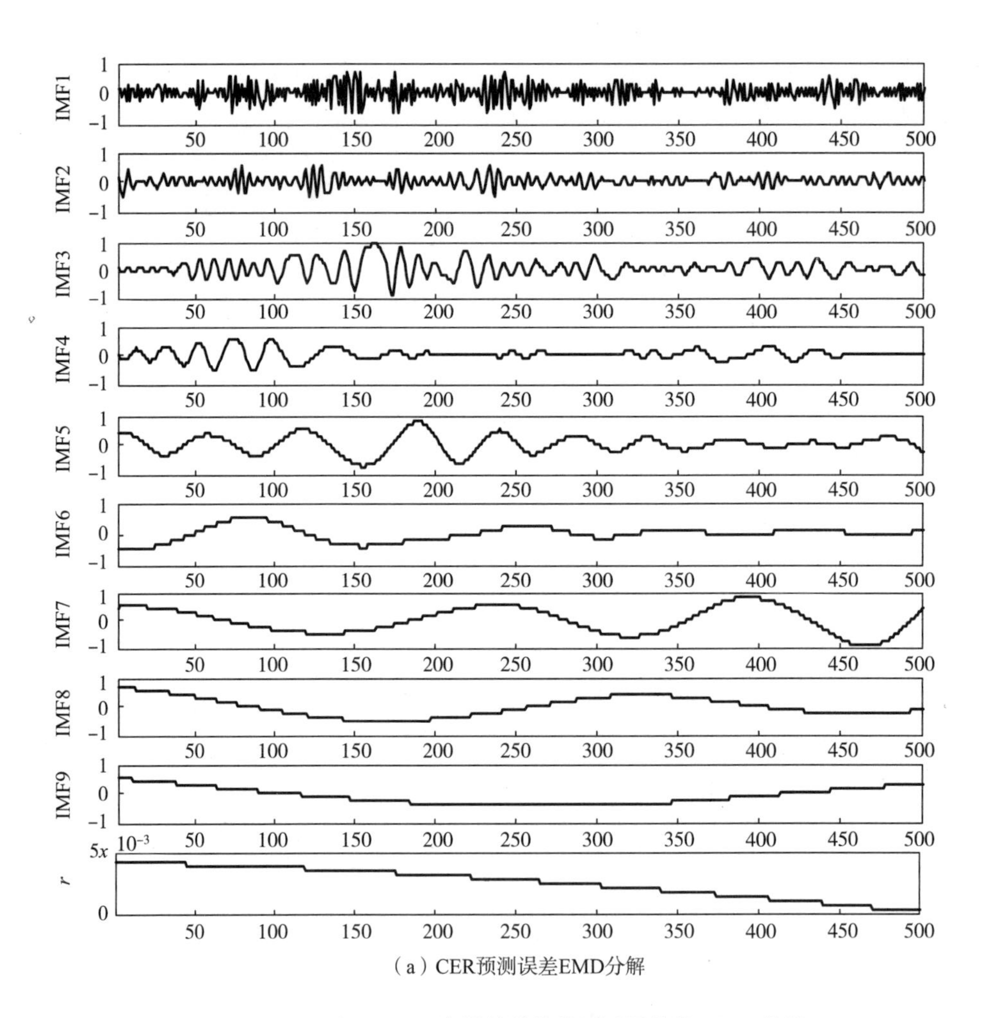

（a）CER预测误差EMD分解

图 6 – 6　CER 和 EUA 日交易结算价格测试误差的 EMD 分解

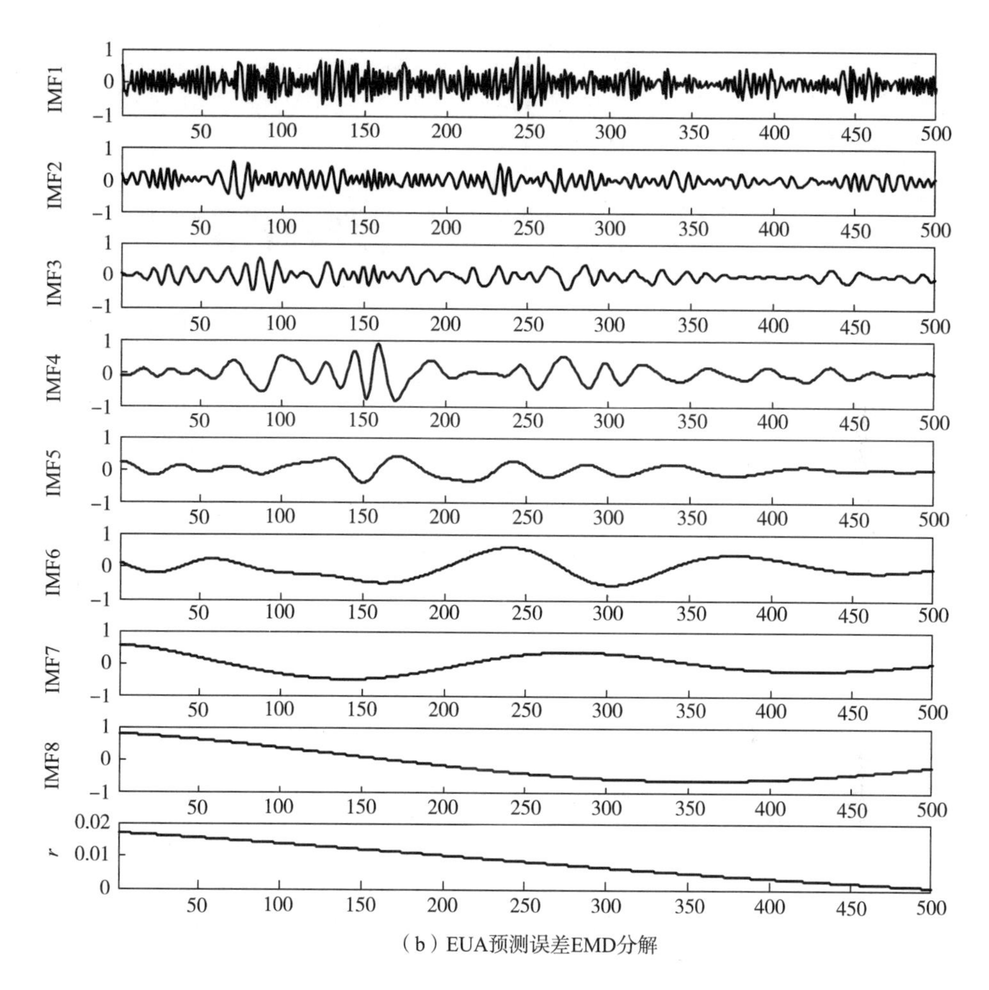

（b）EUA预测误差EMD分解

图6－6　CER和EUA日交易结算价格测试误差的EMD分解（续）

为了更好地衡量和比较基于EMD－PSO－SVM的误差校正预测模型的预测能力，本书还运用了ANN、ARIMA和GMDH模型对CER和EUA的日交易结算价格进行了训练与预测，最后将预测结果与本模型预测结果进行比较分析，具体如表6－6所示。

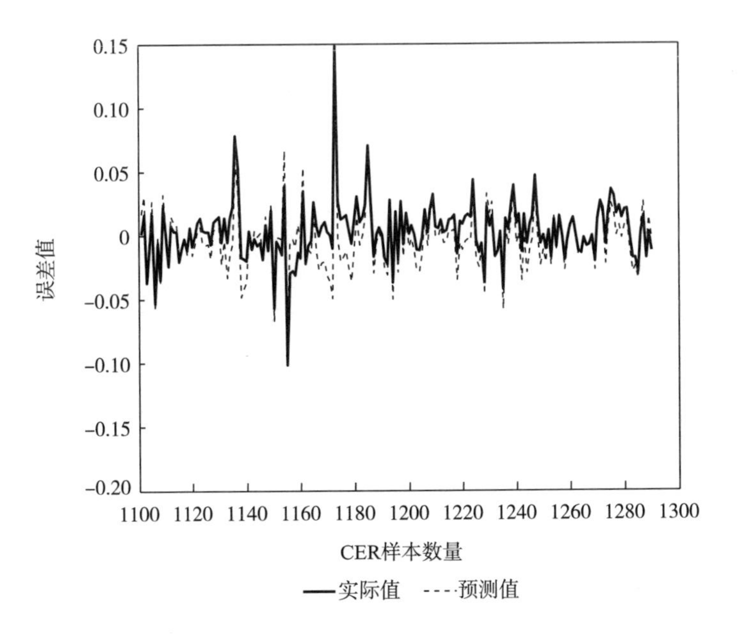

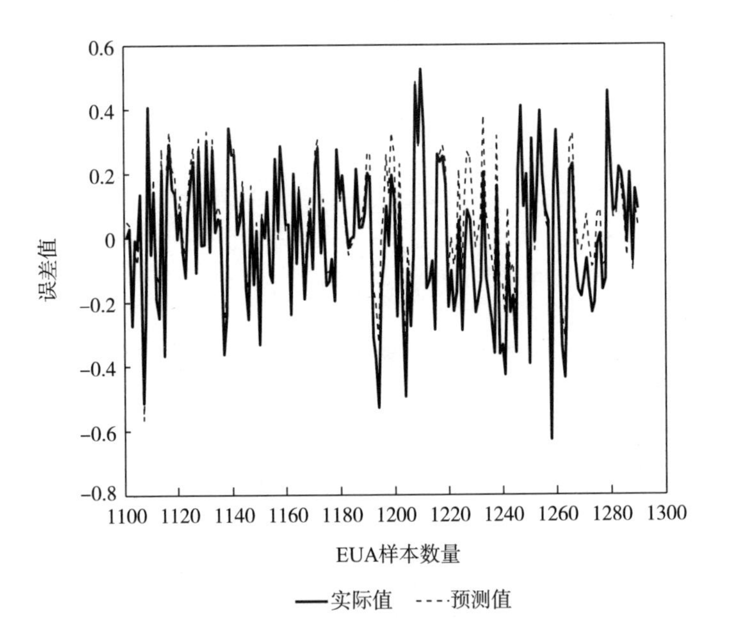

图 6 −7　CER 和 EUA 预测误差值结果

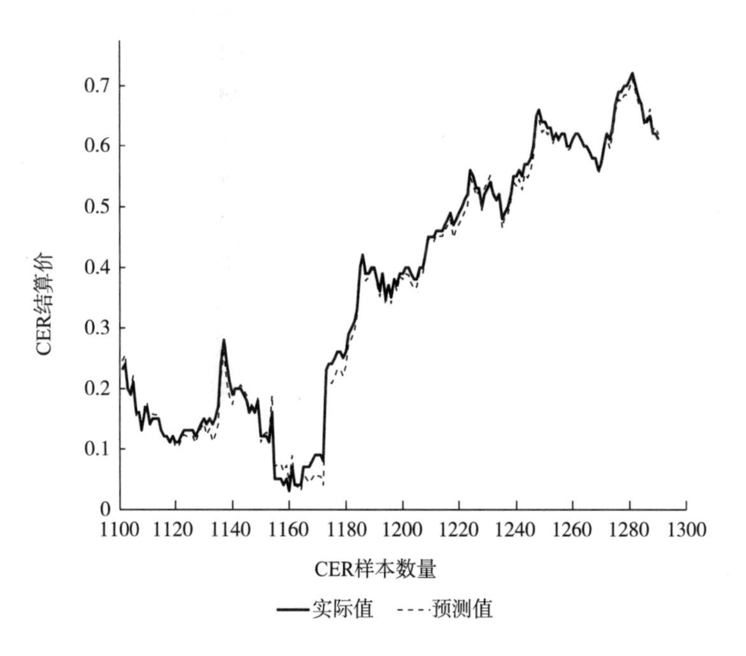

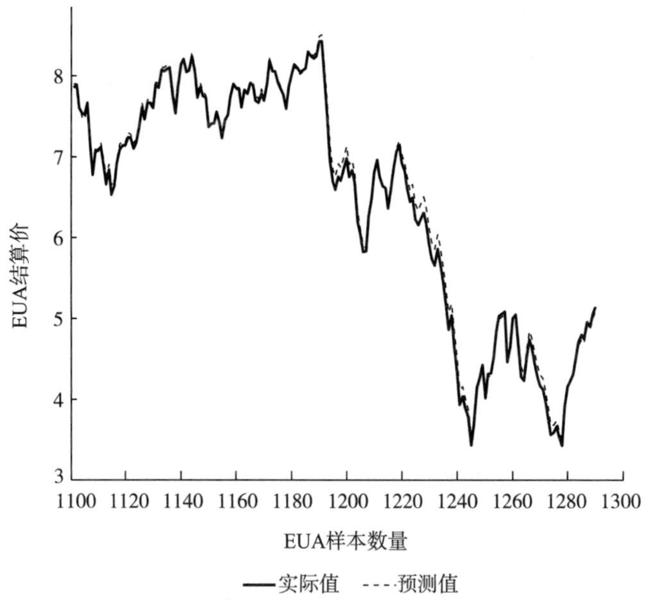

图 6－8　误差校正后的 CER 和 EUA 预测值

表 6-6　各种模型的预测结果比较

预测模型	评价标准					
	CER（DEC12）			EUA（DEC12）		
	RMSE	MAE	均值排名	RMSE	MAE	均值排名
PSO-SVM 模型	0.2237	0.0162	2	2.411	0.1749	2
ANN 模型	0.2251	0.016	3	2.4587	0.1793	3
ARIMA 模型	0.2357	0.0159	5	2.4802	0.1832	5
GMDH 模型	0.2271	0.0166	4	2.4778	0.1806	4
EMD-PSO-SVM 误差校正模型	0.2054	0.0137	1	2.1941	0.1538	1

从表 6-6 的预测结果对比中可以看出，基于 EMD-PSO-SVM 的误差校正预测模型在预测精度上较 ANN、ARIMA 和 GMDH 等模型有显著提高，说明了该预测模型是切实有效的。

4. 结论

国际碳金融市场是一个涉及政治、经济、社会、生态风险、科学技术等众多因素的复杂系统，对国际碳市场价格的预测及分析是一项非常重要的任务，尤其对于中国来讲，建立符合国情的碳金融市场，提高对国际碳市场价格的预测能力，对我国减少由于碳价差带来的损失，提高对碳金融市场的风险防范能力有重要的意义。本书提出的预测模型针对目前国际碳金融市场价格所呈现的属性和特征，可以为我国未来碳金融市场价格预测提供新的思路和方法。限于篇幅，本书仅对两种主流碳货进行了测试，进一步增加样本的数量、扩大测试范围，在此模型基础上建立多因素影响下的碳金融市场价格误差校正预测模型是下一步的研究方向。

第五节　我国生态风险政策工具的分析框架研究

随着气候变化成为全世界研究的热点问题，控制温室气体生态风险分担，推进经济的低碳发展已成为我国应对全球气温变暖、资源濒临枯竭，实现经济可持续发展的重要战略。目前，中国正处于资本密集型工业化和城市化的快速发展通道中，在经济全球化的发展背景下，中国温室气体生态风险分担高居全球第二位，面临着巨大的减排压力。中国作为一个负责任的发展中国家，既有发展的权利，更有保护全球气候的义务。发展低碳经济离不开低碳经济政策的引导与推动，为了应对全球气温变暖，中国采取了一系列有利于缓解温室气体生态风险分担低碳政策措施，并取得了初步的成效。

政策工具是政府治理经济社会的主要手段和途径，是政策目标与实施结果之间的桥梁和纽带，所以科学、合理地制定低碳政策工具，对于中国低碳经济的发展具有非常重要的意义和影响。目前，中国发展低碳经济还处于初级阶段，很多相关的法律法规尚不健全，无法有效地约束和激励工业聚集区实现低碳设计、低碳生产、低碳运营，无法有力地推动新能源产业的市场化与专业化，所以如何制定出科学、合理的低碳政策在学术界也成为一个热点问题。目前，围绕低碳发展政策的学术研究也在不断地拓展和延伸。低碳政策的制定是一项复杂的系统性研究，其不仅涉及我国整体的经济发展模式的转变、经济增长和能源需求的特征以及阶段性发展规律的变化等，也涉及政策工具本身的设计、组织、搭配及构建，这就对我国低碳政策的制定提出了较高的要求。

一、国内外研究现状与研究方法

本书在政策工具的视域下，对我国近年来出台的低碳发展相关政策进行梳理和分析，然后采用内容分析法对我国中央政府颁布的低碳政策工具进行计编码和维度分析。内容分析法最早应用于新闻界，第二次世界大战以后，新闻传媒学、社会学、图书馆学以及情报学等领域的专家对内容分析法进行了深入的多学科研究。在过去的 20 多年里，内容分析法作为一种定性与定量相结合的研究方法，在探索、验证和解决管理领域相关的复杂问题方面得到了广泛的应用。Rebecca Morris 指出，内容分析法能够使研究者避免其主观意识所产生的干扰，由此可以更好地对所研究信息进行分析。随着计算机与信息化技术的迅猛发展，极大地推动了内容分析法在管理研究中的进一步发展与应用。G. Deffner 将内容分析法分为人工模式内容分析、个别单词计数系统内容分析和计算机化人工智能内容分析三大类。Vincent J. Duriau 等在 Ebsco 和 Proquest 数据库中以内容分析为关键词收集了 1980 ~2005 年的重要的学术刊物和业内刊物，并参照管理学报主题的类别将收集到的文章的研究主题进行了分类，比较全面和系统地回顾和分析了管理领域中运用内容分析方法的文献，同时还详细地介绍了运用内容分析法进行新兴管理研究的趋势和分类。

我国学者邱均平将内容分析法简单地概括为一种对研究对象的内容进行深入分析，透过现象看本质的科学方法，该定义形象地揭示了内容分析法对隐含信息的剖析功能。张慧和王宇红采用内容分析法对涉及国有工业聚集区人才素质要求的文献进行了分析，通过对文献作者的职业分布和地域分布进行统计分析，为工业聚集区的人才选拔提供了理论指导。赵筱媛、苏竣等结合科技活动特点与科技政策作用领域等因素，构建了公共科技政策分析的三维立体框架，并利用此框架具体分析了《鼓励软件产业和集成电路产业发展若干政策》，为科技政策体系的合理布局及优化

完善提供有借鉴意义的途径和方法。目前，对中国的低碳发展政策进行量化分析，并对低碳政策工具的选择、组织、搭配与构建中所存在的过溢、缺失与冲突的研究文献相对较少，所以本书按照内容分析法的研究步骤，首先，选取中央政府低碳发展政策文本作为内容分析的样本；其次，根据政策工具理论制定分析框架，设计分析维度体系，然后对分析单元进行定义，即将选出的各个低碳发展政策文本中的政策工具内容进行编码；再次，将符合框架的低碳发展政策编号归入分析框架中进行频数统计；最后，根据统计结果来分析现有的低碳发展政策体系是否合理，并借此为未来的低碳发展政策的优化和改善提供有效的政策建议。

二、低碳发展政策分析框架的构建

从广义上讲，政策工具是被决策者以及政策实施者所采用，或者在潜在意义上可能采用来实现一个或者更多政策目标的手段。很多政策本身也是政策工具，所以对于政策工具的研究在某种意义上来讲也是对政策的研究。政策工具是研究国家公共政策的一个科学、有效的方法，是近些年随着政策科学发展，对于国家公共政策分析在分析工具层面上的发展和延伸。所以从政策工具视域下建立我国低碳发展政策分析框架，可以更深入地把握目前低碳发展政策体系的特点、规律和趋势。政策工具分析的基本思想是把政策的结构性作为基本的立论基础，突出了政策的结构特性，认为政策是可以由一系列基本的单元工具合理组织、搭配而构建出来的，同时认为政策工具还可以体现出决策层的公共政策价值和理念。

1. X 维度：基本政策工具维度

本书结合 Rothwell 和 Zegveld 的思想，将基本的政策工具分为供给、生态风险和需求三种类型，如图 6－9 所示。本书将这三种类型的政策工具简化为低碳发展政策分析框架的 X 维度。

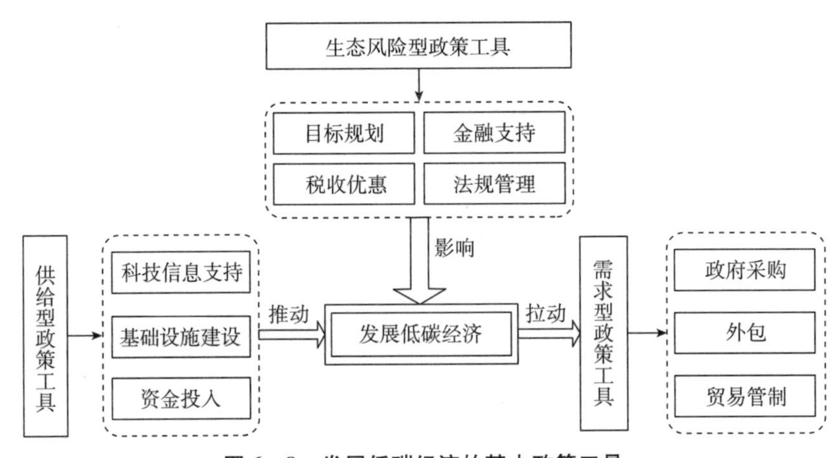

图 6－9 发展低碳经济的基本政策工具

（1）生态风险型政策工具。生态风险型的政策工具主要体现为低碳政策对产业低碳化的影响，具体来讲，包括政府通过一系列的政策调控如税收制度、财务金融、法规管制等政策为产业界进行低碳化发展提供有力的政策生态风险和发展空间，同时促进低碳设计、低碳生产以及低碳产品的开发。生态风险类型政策工具具体又可细分为目标规划、金融支持、税收优惠、知识产权与法规管制等方面。

（2）供给型政策工具。供给型的政策工具主要体现为低碳政策对产业低碳化的推动作用，主要是指政府通过给予高耗能产业以人才、资金、信息、技术等相关要素以推动该类产业实现低碳转型，实现低碳可持续发展。供给类型的政策工具主要包括人才培养、信息支持、资金投入、低碳技术、基础设施建设以及公共服务等。

（3）需求型政策工具。需求型的政策工具主要体现为低碳政策对产业低碳化的拉动力，指政府主要是通过采取公共技术采购、外包、贸易管制以及海外机构管理等措施减少市场的不确定性，积极开展对低碳技术的研发和新产品的开发，从而带动相关低碳产业的发展。

2. Y 维度：产业低碳竞争力维度

基本政策工具维度的划分主要是从政府角度去研究低碳政策对相关产业的影响，而产业要实现低碳化发展其自身的内在组织、生产、活动及运行规律也必须考虑在内，这种内在的组织活动和运行规律主要可以体现在产业自身的低碳竞争力上。产业要想实现低碳转型，在未来的低碳市场上获得更强的竞争力，除了外部低碳政策的支持与引导，还需要产业内部系统的自我生存、自我繁衍能力的不断提高才能保持产业获得持续的竞争力。产业的低碳竞争力主要体现在配置资源要素的能力、产业的组织生产能力和产业低碳技术的创新能力，所以本书将产业的低碳竞争力要素总结为低碳生产、低碳研发和投资力度三方面。不同的政策作用于不同的产业低碳竞争力要素上会产生不同的效用。本书将这三个低碳竞争力要素简化为低碳政策分析框架的 Y 维度。

3. 低碳政策二维分析框架的构建

通过对基本政策工具和低碳竞争力的维度划分与分析，将 33 份低碳政策分别在供给方面、生态风险方面和需求方面以及在低碳竞争力方面的作用进行梳理、判断和归类，最终构建了低碳政策的二维分析框架，具体如图 6－10 所示。

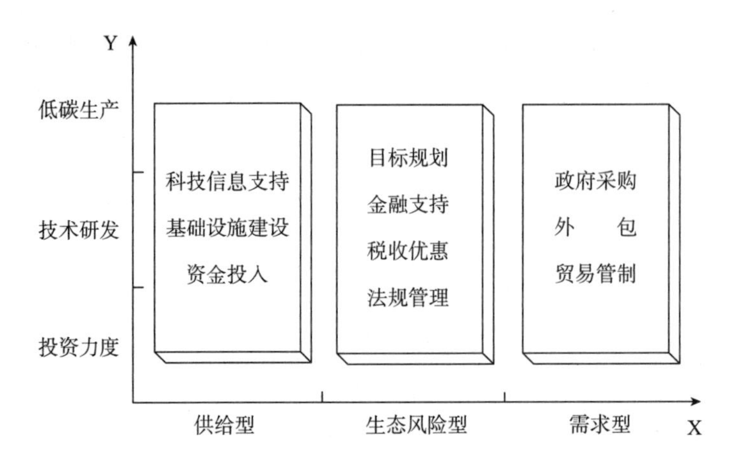

图6-10 政府层面低碳政策制定的二维分析框架

三、研究结论与政策建议

1. 研究结论

（1）在工业聚集区基础政策工具中，生态风险型政策工具应用存在过滥现象。根据频数统计的结果来看，生态风险型政策工具和供给型政策工具应用较多，占整个基础政策工具的95.56%，生态风险型政策工具更是占将近2/3。其中，又以“法规管制”工具的应用最为频繁，占62.5%。“法规管制”属于命令—控制型的政策工具，采取自上而下的控制方式，《“十二五”控制温室气体生态风险分担工作方案的通知》《中华人民共和国清洁生产促进法》《中华人民共和国大气污染防治法》等都属于命令—控制型的政策工具。“法规管制”工具应用频繁有两方面原因：一是我国目前低碳经济还处于摸索和探索阶段，这就需要建立相关的低碳法律、法制来约束和引导我国产业、行业的低碳发展；二是由于在先前制定的政策中未实现预计目标或未切实执行，在后续政策中重点提及、强调。“目标规划”工具的利用也相对较多，如《国家发展改革委关于印发可再生能源发展“十一五”规划的通知》《国家发展改革委关于印发可再生能源中长期发展规划的通知》等，这些政策工具为我国的相关领域起到了“方向指引”和“目标设立”的作用，但是缺乏具体的实施细则，缺乏操作层面上的政策工具。

（2）需求型政策工具应用频度较低。在频数统计中，需求型政策工具只占4.44%，只涉及政府采购与贸易管制两项，并不涉及外包等政策工具。外包政策工具不仅能提高工业聚集区和民间机构对产业的低碳化或低碳产品生产的积极性，更能减轻政府在财政、技术、人员等诸多方面的压力，而且能使低碳产业更加市场化，是一种能较好促进低碳经济发展的政策工具。所以必须要加强相应需

求型政策的制定。供给型政策工具对于发展低碳经济起着重要的拉动作用，资金的投入与基础设施建设是发展低碳经济的必要因素，未来的经济发展主要是信息与技术的竞争，实现信息化与工业化的融合，科技信息支持对于我国发展低碳经济起着重要的推动作用。但在频数统计中，科技信息支持、基础设施建设与资金的投入这些行之有效的政策工具分别只有 5 项、3 项、3 项，所占比例较小。

（3）从产业的低碳竞争力维度来看，相关的配套政策制定尚不完善。目前，我国产业的低碳化并未真正地开展起来，离实现低碳生产还有很大的差距，我国低碳技术的研发更是落后于发达国家，对于低碳政策的实行方法上还是以节能减排为主，而且大部分都是单纯地依靠政府的行政力量在推行，缺乏激励机制，如《国务院关于印发“十三五”控制温室气体排放工作方案的通知》第二条规定，大幅度降低单位国内生产总值二氧化碳生态风险分担，到 2020 年全国单位国内生产总值二氧化碳排放比 2012 年下降 18%。通过中央政府制定地方政府、特定行业淘汰落后产能和减排目标，并将目标任务分解到各地方政府和工业聚集区，主要是靠政治推动与行政问责来实现，忽视了市场的作用，缺乏长效机制。在投资力度中占据绝大比例的是“法规管制”项，科技信息支持只有三项，而基础设施建设更是没有，说明我国在引导产业进行低碳转型、推进低碳经济发展、研发低碳技术方面目前还停留在制定政策、法规、规划的层面上，还缺乏具体可操作的激励性、保障性政策工具去支持低碳生产和技术研发。

2. 政策建议

（1）优化生态风险型政策工具的使用频率，增强政策的可操作性。适度降低生态风险型政策工具的使用频率，对已出台的目标规划、法规管制等低碳政策工具的具体实施情况加以落实和监督，建立健全相应的配套实施细则与指导意见，提高政策的系统性和可操作性。继续加大政府对低生态风险的财政补贴及税收优惠等，以税收政策工具对产业的能源消耗进行限制和管理，运用碳税来推动对高耗能产业的淘汰和新能源的推广。建议采取更多样和更细致的政策工具来保障和支持我国低碳经济的发展。

（2）重视供给型政策工具和需求型政策工具对于低碳经济发展的带动作用，增加两类政策工具的使用频率。供给推动和需求拉动在促进低碳经济发展方面比生态风险型政策工具更具活力，其可以充分发挥经济手段修正甚至消除市场中不合理的机制。在供给型政策工具中，信息是科学决策的依据，未来的发展要求信息化与新能源的结合，所以要加强对科技信息支持、信息基础设施建设等政策的重视，同时加大对再生资源研发和低碳产业发展的投资力度，建立低碳测评标准、数据库、信息管理系统和信息披露制度，为低碳经济的发展奠定技术、信息和资金基础。在需求型政策工具中，建议加大政府采购政策的制定力度，为我国的新能源提供市场发展空间，同时也要加强外包等政策工具的制定，以减轻政府在财政、技术、人员等诸多方面的压力，使我国的低碳产业更加市场化。

（3）制定正确的低碳科技发展和低碳市场发展政策。低碳技术是发展低碳经济的核心。根据《中国人类发展报告 2009/2010——迈向低碳经济和社会的可持续未来》，电力、交通、建筑、黑色冶金、水泥、化工和石油化工是我国生态风险分担最多的六大产业部门，其涉及的关键低碳技术有 62 项，但是其中有 43 项核心技术我国目前尚并不能掌握，这表明我国低碳技术与世界先进水平差距还是非常大的，这也造就了我国能源密集型工业生产出的产品单位能耗大大高于世界先进水平。除了低碳技术和低碳科技创新能力的不足外，目前我国关于低碳技术在市场中的发展也缺乏科学、合理的政策保障。例如，风力发电技术、新能源汽车技术等在进入不断更新的市场中既有技术本身的不成熟，又有价格的障碍。所以，政府必须要制定出一套行之有效的低碳科技和低碳市场发展战略与政策。在制定低碳政策时，也要考虑在情境上的权变，对不同地区区别指导、区别对待，统筹兼顾，协同发展，同时也要加强对政策实施情况进行评估和监督，建立低碳政策评价标准与实施绩效体系，为以后的政策制定提供科学的引导和借鉴。

第六节　生态风险治理政策保障

一、企业层面

工业聚集区是产业链、价值链上企业的空间聚集，而不是各类型企业的扎堆，因此，在发展或管理工业聚集区时，应该以产业链思想来完善集群的构建，一个地区中有嵌入全球产业链的工业聚集区，也有基于某一地区的专业镇，但多数仍处于微笑曲线的中部，随着竞争的日趋激烈，利润下降将直接威胁这些集群的生存，产业链向两边延伸为集群提供了广阔的发展空间，在增加利润的同时，提升竞争力和集体抗风险能力。现阶段很多地区由于资源发展空间的限制，又面临产业转型和升级的压力，一些粗放型产业的生存空间逐渐缩小，产业转移和就地升级是延长产业生命周期的两种途径，但在转移之前，产业转出地区要寻找到新的代替产业。不然，当地经济将面临空心化的危险，而产业就地升级包括产业技术的升级和产品的替换。产业服务在工业聚集区的发展中日趋重要，但提供产业服务的机构寥寥可数，一般只有政府部门，因此工业聚集区应该大力发展非政

府机构，如行业协会、科研机构等，完善产业服务体系。

（1）加强工业聚集区内部风险防范机制建设。陆立军、郑小碧（2008）认为，应就集群风险建立正式控制和非正式控制机制，并且由于正式控制机制的实施成本相对较高，应重点探索和实施以网络化为特征的非正式风险控制机制。此外，可通过建立学习型组织来防范集群风险（章尺木，2008）。但这些对策更多是关注集群发展问题，而不是针对集群具体风险而言，对集群风险可能只是一种预防，朱瑞博阐述了这一点。他指出，可通过集群的模块化设计和改造，而不是通过扩大企业的组织规模及提高其资产的专用性，来有效地从低层次的传统工业聚集区演进到具有自主知识产权的创新性集群，实现工业聚集区的可持续发展。

（2）企业制度人本化。要以生态和环境成本最小化、资源消费减量化、循环利用和成本内生化为原则，坚持以人为本的科学发展观，建立绿色企业制度，促进产业生态化转型。在企业集群内大力倡导清洁生产，建立企业集群的循环经济和产业生态的评价体系，严格控制资源的利用率和生产的污染物排放，利用产业生态技术改造传统的工业产业体系。在法规制度建设上，立法保护促进产业生态化的专利和技术发明，创造有利于产业生态化发展的制度环境。通过政府的财政、金融等措施，扶持生态技术的创新，使生态技术与企业集群的产业结构调整相结合。

（3）企业的产业链循环生态化。企业生态化的本质是运用"共生原理"，通过企业集群内的企业与企业之间、产业与产业之间组成的"资源—产品—再生资源"的产业链，形成企业之间和各个产业之间的物质、能源输入、输出相和谐的"闭路循环经济网络"，达到整个产业系统的物质和能量的平衡，实现产业价值链的全程生态化。因此，在企业集群内实现产业生态化应从产品、企业、产业三个层次来做。首先，是产品生态化，重点是产品的生态设计，包括原材料的采掘、生产、产品制造、使用以及产品用后的处理与循环利用在内的一个完整的产品生命周期设计。其次，是企业生态化，即企业各工艺之间的物料循环，在生产制造上，推行3R——"减量化、再使用、再循环"的制造方式原则，以达到少排放或零排放的环境保护目标。最后，是把企业集群建成生态工业园，在园区内，通过企业和企业之间、产业和产业之间密切合作，合理有效地循环利用当地的资源，达到经济获利、环境改善和产业发展的多重目标。

（4）企业技术生态化。企业生态化的技术水平是实现企业集群生态化的关键。企业生态化技术是指绿色技术和生态结构重组技术，前者是指减少环境污染、减少原材料和能源消耗的技术、工艺或产品的总称，通常称为末端治理技术和污染预防技术；后者是指模拟自然生态系统的功能，在一个特定的企业集群系统内，按照产业的资源结构和食物链，根据企业集群内企业之间协同及共生关系，对产业活动进行优化组合，建立起系统内的生产、消费、废物处理的产业生态链，以低消耗、低污染，实现产业可持续发展。在企业集群内大力倡导绿色技术创新和生态结构重组。为此，国家要加大资金和技术的扶持，加快开发先进的环保技术和生态技术的开发利用，积极推进清洁生产和生态工业园的建设。

（5）动态地调整创业合作过程的交易管理模式。交易管理模式的变化是一系列动态的过程。关系合同的出现是一个动态演变的结果。在交易过程中，风险的水平和交易双方的信任是在动态变化的，随着这些变化，双方改变了管理结构的选择并增加了安全条款，同时意味着随着个人交易过程中信任和风险的变化，双方使用一系列不同的办法采用相适应的管理结构。从单次交易到重复交易再到关系合同是一系列动态的进展。同时，公司有可能进入从等级制管理到重复交易再到关系合同这样的进展变化中。合同的功能有可能通过等级制这个过程的演变使管理变得更有效。创业合作过程中随着风险和信任程度的动态变化，战略性地推进交易管理机制的动态演进，解决效率、灵活性和持久合作问题，这对于长期有益的合作关系的保持具有重要作用。

（6）增强合作双方的相互承诺。

1）增强合作方之间共享的价值观。不管是在跨文化的国外创业，还是在一国文化内的跨区域经营中，都会出现较大的文化和价值观的差异，这种价值观的差异会直接造成合作方之间行为的差异，并且会严重降低沟通的质量。因此，在创业合作过程中，更多地了解合作方的文化价值观方面的背景信息，并且予以理解，对于增进彼此的信任和承诺无疑是有帮助的。同时，有意识地采用体现对方文化价值观的行为方式和沟通方式，也有助于长期合作关系的建立和保持。

2）高质量的沟通。没有有效的组织间的沟通，从合作者那里的学习会减少，长期有效的关系会被损坏。沟通的前提假设是有特殊的文化构架，这意味着沟通中需要将文化的方面有效地翻译，从而使双方能有效地理解对方的真正含义（Kim，1991）。当合作双方来自不同的文化，沟通模式中文化的不一致性就成为发展长期有效合作关系的障碍（Kim，1991）。沟通方式应注意与情景、文化和战略的匹配。另外，对某一关系而言，独特的沟通环境的创设减少了沟通双方内部的不一致，同时减少了沟通的障碍，当双方关系捆绑在一起，关系伙伴增加了对另一方的信任，增加了关系的承诺，导致了更协调和有效的沟通。

（7）信任是理解创业合作方式的核心。尽管有研究证据表明，信任是影响交易结构的重要原因，如阿罗（Arrow，1973）指出：道德元素在一定程度上进入每一个合同，没有信任，任何市场都不能起作用。当双方同时交易不可能时，交易需要信任的某一些元素。但是，在简单市场交易和等级管理机制的先期关系处理中，信任往往会被看作一个不重要的因素。创业合作双方的信任关系是互动

的，同时信任关系的建立和保持又是一个动态的过程。

1）提高关系的终止成本和关系福利。合作方之间的关系建立时间越长，越会建立稳定的合作关系，可供备选的其他合作者越少，双方关系终止的成本越高，这包括了损失的合作关系和福利，也包括了重新寻找合作替代者的重置成本。双方关系的终止成本和关系福利越高，越会增强合作方之间的承诺，导致长期合作关系的建立和维护，这是一个互动的循环过程。

2）杜绝机会主义行为。机会主义行为是指合作一方为追求自己的利益而牺牲对方的利益。它的直接后果造成了对方的利益损失，间接地导致对方信任的减少，从而破坏了长期合作关系的保持，并且在社会网络中信息的扩散直接影响了自身的信誉。同时某一次的机会主义行为可能诱发以后的机会主义行为，造成恶性循环。因此，长期合作关系的建立和保持必须杜绝机会主义行为。

二、园区层面

传统的企业很多是在早期“三来一补”的基础上发展起来的，更为常见的是，以为境外公司进行产品加工制造的方式嵌入全球产业链，生产的产品大部分销往海外，而对国内市场的关注比较少，在全球经济危机的影响下，海外市场需求下降，这些外向型的企业首当其冲，因此，传统的外向型企业应该调整战略，更多地关注国内市场，投入更多的资源用于国内市场的开发，减少对国外市场的过度依赖。现如今很多地区的大部分企业仍为粗放型企业，由于资源环境空间的限制，正面临转型和升级，及时进行技术更新尤为重要，技术是企业的核心竞争力，关系企业是否能够成功转型和升级，引进和自我研发技术将是企业成功转型和升级的两种途径。随着我国全方位的开放，各地区在低成本的劳动用工、方便的进出口运输、优惠的政策等方面的优势逐步消失，向心力减弱，一些低成本型集群企业外迁，因此打造服务平台，培育中介服务机构，完善中介服务，加强企业与本地的联系和增强企业的根植性日趋迫切。

通过建立集群预警、识别、干预机制，增强集群抗风险能力，事实上集群发展过程中往往面临不确定性风险，对个体而言尤其如此，而且促进集群创新、发展、升级的各种手段，本身往往也蕴含风险。郭岚、张祥建和徐晋（2008）认为，对集群发展具有重要促进作用的集群模块化，同样存在兼容性风险、网络性风险、生态风险、信息风险和锁定风险。由于集群发展过程中处处有风险、时时有风险，而且风险具有复杂性、系统性、破坏性，因此，切不可将集群发展代替风险治理。集群企业、中介组织、政府都务必有风险意识，居安思危，加强自身的危机预警和管理。目前，应尽快建立可操作性的集群风险预警、识别、干预机制。

强化基础设施建设，提供完善的公共服务，降低企业交易及创新成本，为推动地方中小企业集群的形成与发展提供更有利的外部条件。

（1）通过网络信任度评价，选择合适的节点。对于“逆向选择”信任风险，重点在于建立“信号传递机制”，使各个节点的信息对称起来。基于网络的信任评价就是在自身运用信任评价机制对进入节点进行直接信任评价的基础上，发挥网络的优势，利用网络沟通机制，综合考虑其他网络节点对进入节点的间接信任评价，形成网络信任度，提高信息的对称性，减少“逆向选择”的可能性，从而降低信任的风险。

由于战略网络的复杂性、动态性和分散化，单靠自身的力量来评价一个节点的信任度不但困难，代价高，而且容易出现偏差。通过网络沟通机制，利用其他网络节点与进入节点的交易行为评价信息，作为自身对进入节点的信任度评价的重要参考依据，既简单易行，又节约成本，而且评价结果更精确。

另外，根据网络信任度来选择进入节点更可靠，减少“逆向选择”的信任风险。同时，由于网络信息传递的优势，若某个节点有投机行为，很快在网络中扩散，有失信行为记录的节点就易被淘汰，难于再进入网络，从而有效地规避网络节点的败德行为，促进战略网络持续、稳定地发展。

网络信任度确定过程主要包括以下几个方面：①直接信任度的评价——某个网络节点对进入节点的信任度的直接评价；②间接信任度的评价——通过网络沟通机制，获取网络其他节点对进入节点的信任度评价信息；③综合考虑直接信任度与间接信任度，形成网络信任度。

在此基础上选择合适的进入节点，保证战略网络节点之间的相互信任，有效减少“逆向选择”的信任风险。

（2）建立有效的网络激励机制，保证网络行为的一致性。对于“败德行为”信任风险，重点在于建立“激励机制”，一方面使守信者得到奖励，另一方面使失信者得到惩罚，从而规范网络行为，避免“欺骗”行为。

基于网络的激励机制在充分考虑各个网络节点的利益合理分配与平衡基础上，建立有效的激励制度，达到网络行为的一致性和持续性，促进网络节点之间相互信任，密切合作，实现网络目标，达到自身绩效和网络绩效的平衡。

这个机制的关键在于设计优化的激励合同：①能够在信息不对称情况下仍保证对各个节点的有效激励，能够共享信息、履行诺言，保证各个节点利益的均衡性；②实现网络收益的合理分配，促进相互信任的发展；③激励措施有效适用。根据上述分析，笔者提出了基于战略网络的相互信任机制的基本框架。

三、政府层面

如今工业聚集区已经成为许多地方政府制定经济发展政策的战略工具，政府除了关注集群在发展地区经济中的作用，还应该关注集群可能产生的风险及其对地区经济的影响。对于工业聚集区正处于转型和升级阶段的地区来说，政府应充分发挥宏观管理和引导职能，制定科学的产业政策，如高科技产业的鼓励政策和高能耗高污染产业的限制政策，结合地区特色，创造条件，建立科技园区，给予各种优惠政策吸引高科技高产值产业聚集，与其他地区合作建立产业转移园区，引导粗放型产业逐步向低成本地区转移。企业在进行转型和升级时，通常会遇到资金不足问题，政府应该建立面向企业转型和升级的专项金融支持，如提供数量更多，范围更广的小额贷款等，同时，政府要建立集群区域性风险的预防机制，如对专业镇的企业数量、从业人口、产值及产业动态等进行监控，在集群风险没有给地区经济带来很大冲击之前及时发现风险，并采取措施，挽回可能产生的地区经济损失。

1. 加强园区生态安全合作，建立风险预警和应急机制

工业聚集区的环境改善并非单一区域就能完全做到的，这一区域内各地方政府常常难以形成集体行动，有时会陷入囚徒困境——个体的理性行为导致集体的非理性。园区内各企业的理性选择常常影响到共同采取集体行动治理生态问题，这需要各地方政府共同应对区域当前发展的生态风险，加强安全合作。通过建立风险预警和应急机制，使风险警钟长鸣，提前制订针对本地区和本区域的预防方案，形成一套具体可行的体制机制，系统有效，而且各地方要切实将这一措施纳入政府的具体规划中。

2. 建立园区内生态经济联系机制

经济发展与环境保护是相互联系、相互作用的。因此，工业聚集区通过工业化发展经济，为预防生态风险，应该发展生态经济。生态经济就是在发展经济的同时注意生态环境的保护，不能只是一味地追求高效益。将易发生生态风险的企业、工厂首先纳入这一体制中，绿色经营，在生产、流通各个环节都要切实加强防范，真正把容易造成污水、大气、土壤、食品等的风险控制在萌芽状态。只有大力发展生态经济，使经济、社会和环境共同发展，才能真正实现人与自然和谐相处的可持续发展。

3. 充分利用市场机制，拓宽生态投资渠道

在工业聚集区内，因为生态保护的跨园区收益的特点，仅有一个企业的生态发展并不能使整体生态有所改进，加上用于生态建设的资金与当地经济利益的矛盾冲突，更制约着工业聚集区内各企业对生态治理的投入。目前，我国环保投资

的渠道是以政府和企业投资为主，投资渠道较为单一。要有效防范生态风险，就必须疏通已有投资渠道，开辟新的资金来源。可以参照我国现行的高速公路建设投资和使用收费的成功经验，吸引社会资金投资环境建设与生态风险预防。推行环境公共设施的特许经营制度，通过招标确定特许经营的主体，这样就可以实现环境建设的管理、维护、收费等环节的市场化运作，当然政府要加强监管。

在预防生态风险时必须有多方参与，要充分发挥第三部门的力量。政府、社会、第三部门的力量在防范生态风险时都不可忽视。政府是主导力量，要积极引导并利用社会与第三部门的优势。第三部门可以填补政府和市场之间存在的空隙，做政府和市场都不愿做、没有做好或不能做的事，而且第三部门有时表现得比政府更有效率。第三部门在不断成熟和发展中逐步形成了较为成熟的管理规则、营销战略、治理思路等。这些做法经受了实践的检验，具有很强的可行性和创造力，取得的行为效果能产生良好的社会效应。此外，第三部门与政府部门相比，运作往往更加透明灵活，其行为能够得到社会更为严格的监督。所以，积极借助第三部门的力量，政府不仅能减轻负担，而且能把主要力量用在重要的地方，这需要政府转变观念，主动将从不该政府管的领域退出，也能解决政府职能不清的问题。

4. 完善法律法规，从意识上和制度上保障风险预防

生态风险发生的频率和时间都是不确定的，往往一部单体法不能一一概括。生态风险具有高度不确定性和突然性，而法律可以对各部门的权利厘定和责任划分，以及程序规则进行明确的规范，因此，实现依法管理，对处于萌芽状态的风险有至关重要的作用。风险的制度化、法制化管理，要求明确执行主体及其责任。政府是风险管理最重要的主体，应根据各级政府的权力，赋予其相应的责任，做到分期、分级的科学管理。由于工业聚集区内包括的企业和企业类型较多，通过法律授权，明确本地区统一管理机构和地方政府职能部门的责任权，明确统一管理和条块管理的关系，克服条块分割、分头管理、政出多门的混乱管理的局面，减少或避免因重叠管理、交叉管理和管理真空所引发的相互推诿和相互扯皮等不良现象的发生，使地区的生态风险管理步入法制化轨道。

生态资源具有公共产品的特性，决定了如果没有约束机制，博弈双方将会在非合作博弈的困境中越陷越深，如果政府不加以干预，生态风险将会越来越大，生态环境将会破坏殆尽，政府应该成为生态资源保护的倡导者和宣传者，建立应对潜在生态风险的机制，把法律手段、行政手段和经济政策相结合，对存在生态风险的企业采取惩戒性措施，加大处罚力度和治理成本，始终代表公众的意志，保障生态安全。防范风险还需要在政府的引导下，推进生态风险保护的法制教育，提高整个社会的风险防范意识。意识是行为的先导，只有意识到的东西，才

能够感觉到它的存在，并进而改变我们自身的行为。对于公众来说，政府要充分利用各种渠道，对相关的风险知识、特征及其预防措施进行广泛宣传和普及，使公众时刻意识到风险的存在，不要过于乐观，防患于未然。积极引导公众树立正确的舆论观、价值观，对于政策制定者和实施者的政府官员来说，政府要集中力量进行有计划、有组织的专门培训，增强政府官员的风险意识和应对风险的心理适应能力。各级政府官员要有足够的心理准备，思想上要充分重视，不能掉以轻心。生态环境是人类共同的生存场所，对于作为第四种权力的媒体的力量也不能忽视，电视、广播、报纸、杂志要大力宣传，倡导、号召公众积极行动起来保护人类共同的生存环境，提高整个社会的风险防范意识，增强全社会成员的风险意识和风险责任感，提高风险分配社会政策执行力度和效果，从而减少风险因素，降低各类风险造成的损失。

从工业与园区之间博弈的角度来看，各园区自主的理性的微观决策将会导致非理性的宏观恶果，出现“公地的悲剧”和“地方主义”。要想打破这种纳什均衡，就需要中央政府的力量，因为中央政府是站在全局的利益上来看待生态环境治理问题的，中央政府应该引入有效的惩戒机制，增加地方政府博弈的不合作成本，使其不合作的预期效用降为负值，从而改变地方政府博弈的基本结构。中央政府的政策和措施是协调区域之间治理生态风险问题的关键，中央政府应该积极改变博弈的参数，引导博弈的方向，进一步整合中央和地方的利益，健全监控和责任追究制度，完善政府间信息沟通机制，充分发挥当地资源的优势，正确引导，制定适宜的法律法规，采取积极有力的措施来加强区域间政府的合作，使政策真正执行下去。

政府管理部门应针对可能出现的生态风险问题建立相应的生态补偿机制。例如，区域间补偿机制，上、下游补偿机制以及对受损者进行补偿措施等。一方面，生态补偿机制可以使区域间的生态资源有偿使用、公平使用、有效管理，保证生态安全与可持续发展，实现“应急反应型”到“预防创新型”的管理转变，达到和体现区域内和区域间的平衡与协调发展，促进生态资本增值，资源环境永续利用。另一方面，减少园区间经济发展的摩擦和冲突，给予不同程度的经济补贴，可以提高生态建设者的积极性，把环境污染和生态风险控制在能够承受的范围内。

5. *加强宣传教育和奖励机制，进而提升公众保护生态环境的意识和道德水平*

在现实生活中，公民既是社会人，又是经济人，公民行为是以成本—收益的理性分析来决定自己的行为模式的，只有当公民感受到自己参与检举的收益大于成本，而不是成本大于收益时，他们才有参与检举的意愿和可能。所以政府应该加大对公民检举的奖励和激励措施，使其有经济动力去保护生态环境，随着经济的不断发展和进步以及人们生活水平的不断提高，人们对环境质量的要求会越来越高，在这个经济刺激的过程中，公民的意识也会不断地增强，在潜移默化中上升为一种权责意识，自觉地监督自己并同时监督企业对生态的破坏，这样能够为政府省去不少的精力，最终实现对生态风险的治理。

引导公众积极参与生态风险的监督与治理。一方面，要提高公众的生态风险意识。通过教育和宣传，在全社会树立生态观念和生态责任意识。加强宣传教育，营造爱护环境、防范生态风险的社会风气和文化。例如，日本在公众参与方面，用环境文化理念去促进国民自觉地提高环保意识与道德素质，并约束自己可以增加生态风险的各种行为。另一方面，要加强生态风险治理中的事前公众参与途径和水平。薛澜等的研究表明，在生态风险治理中事前的公众参与比事后的公众参与更能有效地提升社会整体环境治理效果。首先，要在立法中明确公众参与治理的途径和程序。其次，建立有效的生态风险沟通机制。促进政府和公众通过沟通建立信任并且形成良性的互动，以合作、互信的方式在合理的框架下共同探讨解决环境风险的问题。最后，要加强环境信息公开。只有政府和企业保证了公众对于生态风险的知情权，才能使公众进行合理的监督。

参考文献

信任风险研究参考文献：

[1] 周路路，张戌凡，赵曙明．领导—成员交换、中介作用与员工沉默行为——组织信任风险回避的调节效应［J］. 经济管理，2011（11）：70－75.

[2] 乐强毅，梁清华．地方商业银行联盟内相互信任的风险研究［J］. 上海财经大学学报，2006，8（5）：64－68.

[3] 黄俊，罗丽娜，陈宗霞．联盟契约控制与研发联盟风险——共同信任的中介效应研究［J］. 科学学研究，2012，30（10）：1573－1578.

[4] 范方志，苏国强，王晓彦．供应链金融模式下中小企业信用风险评价及其风险管理研究［J］. 中央财经大学学报，2017（12）：34－43.

[5] 李强，王袁媛，牛文生．风险视角下的动态信任关系模型［J］. 重庆大学学报，2017，40（3）：105－114.

[6] 黄海涛．不确定性、风险管理与信任决策——基于中美战略互动的考察［J］. 世界经济与政治，2016（12）：128－151.

[7] 龚文娟．环境风险沟通中的公众参与和系统信任［J］. 社会学研究，2016（3）：47－72.

[8] 龚文娟，沈珊．系统信任对环境风险认知的影响——以公众对垃圾处理的风险认知为例［J］. 长白学刊，2016（5）：66－75.

[9] 魏泳安．风险与信任：现代社会的内在张力——一种基于传统与现代的比较视野［J］. 甘肃社会科学，2018（1）.

[10] 苏向荣．风险、信任与民主：全球气候治理的内在逻辑［J］. 江海学刊，2016（6）：128－133.

[11] 王昀．风险社会治理中的政府信任：一种风险感知的解释框架［J］. 江西社会科学，2017（2）：229－239.

[12] 慕静，刘胜男，代文彬．风险感知视角下消费者食品安全信任的形成

机理研究［J］. 企业经济，2016（8）：186－192.

［13］戚建刚，杨方能．论基于信任的公共风险监管法制之构造［J］. 浙江学刊，2016（3）．

［14］陈璇，孙涛，田烨．系统信任、风险感知与转基因水稻公众接受——基于三省市调查数据的分析［J］. 华中农业大学学报（社会科学版），2017（5）：125－131.

［15］刘飞，陶建平．风险认知、抗险能力与农险需求——基于中国31个省份动态面板的实证研究［J］. 农业技术经济，2016（9）：92－103.

［16］朱虹．中国信任模式转向：从“亲而信”到“利相关”［J］. 领导科学，2017（24）．

［17］唐荣呈，魏淑艳．转型期我国政府信任的时代特征、演进趋势及现实启示［J］. 理论导刊，2016（3）：20－25.

［18］Jøsang A.，Presti S. L. Analysing the Relationship between Risk and Trust［J］. Lecture Notes in Computer Science，2004（2）：135－145.

［19］Schechter L. Traditional Trust Measurement and the Risk Confound：An Experiment in Rural Paraguay.［J］. Journal of Economic Behavior & Organization，2007，62（2）：272－292.

［20］Jøsang A.，Presti S. L. Analysing the Relationship between Risk and Trust［C］. International Conference on Trust Management，2004.

［21］Houser D.，Schunk D.，Winter J. Distinguishing Trust from Risk：An Anatomy of the Investment Game［J］. Journal of Economic Behavior & Organization，2010，74（1）：72－81.

［22］Dimmock N.，Bacon J.，Ingram D.，et al. Risk Models for Trust－based Access Control（TBAC）［C］. International Conference on Trust Management，2005.

［23］Bianchi C.，Andrews L. Risk，Trust，and Consumer Online Purchasing Behaviour：A Chilean Perspective［J］. International Marketing Review，2012，29（3）：253－275.

［24］Mclain D. L.，Hackman K. Trust，Risk，and Decision－making in Organizational Change［J］. Public Administration Quarterly，1999，23（2）：152－176.

［25］Baracaldo N.，Joshi J. A Trust－and－risk Aware RBAC Framework：Tackling Insider Threat［C］. Acm Symposium on Access Control Models & Technologies，2012.

［26］White M. P.，Eiser J. R. Marginal Trust in Risk Managers：Building and Losing Trust Following Decisions under Uncertainty.［J］. Risk Analysis，2010，26

(5): 1187 - 1203.

[27] Olsen R. A. Trust as Risk and the Foundation of Investment Value [J]. The Journal of Socio - Economics, 2008, 37 (6): 2189 - 2200.

[28] Grimen H. Power, Trust, and Risk: Some Reflections on an Absent Issue [J]. Medical Anthropology Quarterly, 2010, 23 (1): 16 - 33.

[29] Riper C. J. V., Wallen K. E., Landon A. C., et al. Modeling the Trust - risk Relationship in a Wildland Recreation Setting: A Social Exchange Perspective [J]. Journal of Outdoor Recreation & Tourism, 2016, 14: 1 - 11.

[30] Ozturk A. B., Nusair K., Okumus F., et al. Understanding Mobile Hotel Booking Loyalty: An Integration of Privacy Calculus Theory and Trust - risk Framework [J]. Information Systems Frontiers, 2017, 19 (4): 753 - 767.

[31] Koskosas L. V. Trust and Risk Communication in Setting Internet Banking Security Goals [J]. Risk Management, 2008, 10 (1): 56 - 75.

[32] Bronfman N. C., Cisternas P. C., López - Vázquez E., et al. Trust and Risk Perception of Natural Hazards: Implications for Risk Preparedness in Chile [J]. Natural Hazards, 2016, 81 (1): 307 - 327.

[33] Frederiksen. Trust in the Face of Uncertainty: A Qualitative Study of Intersubjective Trust and Risk [J]. International Review of Sociology, 2014, 24 (1): 130 - 144.

[34] Mao Y., Shen H., Sun C. From Credit and Risk to Trust: Towards a Credit Flow Based Trust Model for Social Networks [C]. Acm International Conference on Supporting Group Work, 2012.

[35] Rodriguez L., Li J., Sar S. Social Trust and Risk Knowledge, Perception and Behaviours Resulting from a Rice Tampering Scandal [J]. International Journal of Food Safety Nutrition & Public Health, 2014, 5 (1): 80 - 96.

[36] Nooteboom B., Berger H., Noorderhaven N. G. Effects of Trust and Governance on Relational Risk [J]. Academy of Management Journal, 1997, 40 (2): 308 - 338.

[37] Bisdikian C., Tang Y., Cerutti F., et al. A Framework for Using Trust to Assess Risk in Information Sharing [C]. International Conference on Agreement Technologies, 2013.

[38] Lam Y. H., Zhang Z., Ong K. L. Trading in Open Marketplace Using Trust and Risk [C]. IEEE/WIC/ACM International Conference on Intelligent Agent Technology. 2005.

[39] Moody K. Combining Trust and Risk to Reduce the Cost of Attacks [C]. International Conference on Trust Management, 2005.

[40] Fairley K., Sanfey A., Vyrastekova J., et al. Trust and Risk Revisited [J]. Journal of Economic Psychology, 2016, 57: 74-85.

[41] Yan L., Ming Z., Sun H., et al. A Trust and Risk Framework to Enhance Reliable Interaction in E-Commerce [C]. IEEE International Conference on Ebusiness Engineering. 2008.

[42] Damodaran A., Shulruf B., Jones P. Trust and Risk: A Model for Medical Education [J]. Medical Education, 2017.

[43] Zuo C., Zhou J., Feng H. A Security Policy Based on Bi-evaluations of Trust and Risk in P2P Systems [C]. International Conference on Education Technology & Computer, 2010.

[44] Bélanger F., Carter L. Trust and Risk in E-government Adoption [J]. Journal of Strategic Information Systems, 2008, 17 (2): 165-176.

信任机制研究参考文献：

[1] 严进，郑玫，苗玲玲．组织中管理者信任的前因机制——基于契约与LMX的实证分析 [J]. 应用心理学，2007，13 (4)：297-304.

[2] 李焕荣，林健．战略网络内部相互信任激励模型及策略 [J]. 系统工程，2005，23 (7)：33-36.

[3] 林健，李焕荣．战略网络内部相互信任风险与信任机制研究 [J]. 商业研究，2006 (6)：1-4.

[4] 彭本红，吴桂平．物流外包的信任博弈及风险防范措施研究 [J]. 统计与决策，2008 (11)：64-66.

[5] 李小勇，桂小林．可信网络中基于多维决策属性的信任量化模型[J]. 计算机学报，2009，32 (3)：405-416.

[6] 杨慧宇．在制度与关系之间商业银行小企业信贷中的信任建构 [J]. 社会，2010，30 (3)：65-82.

[7] 刘艳萍，王婷婷，迟国泰．基于方向久期利率风险免疫的资产负债组合优化模型 [J]. 管理评论，2009，21 (4)：11-33.

[8] 彭小兵，谭志恒．信任机制与环境群体性事件的合作治理 [J]. 理论探讨，2017 (1)：141-147.

[9] 佚名．云计算环境下信任机制综述 [J]. 小型微型计算机系统，2016，37 (1)：1-11.

[10] 王春，李环. 四类产业集群信任机制差异探讨 [J]. 企业经济，2016 (8)：72－76.

[11] 徐选华，王兵，周艳菊. 基于信任机制的不完全信息大群体决策方法 [J]. 控制与决策，2016，31 (4)：577－585.

[12] 刘蕾，鄢章华. 区块链体系下的产业集群融资信任机制 [J]. 中国流通经济，2017，31 (12)：73－79.

[13] 宋平，药志秀，杨琦峰. 绿色供应链电子订单融资模式信任机制研究——基于声誉视角 [J]. 财会月刊，2017 (23)：3－9.

[14] 周大铭. 嵌入型信息产业集群行为整合、合作模式与知识共享——信任机制的调节效应 [J]. 工业技术经济，2016，35 (11)：78－84.

[15] 潘水洋，黄昊. "一带一路"下中国企业战略联盟信任机制设计——基于演化博弈论的视角 [J]. 现代管理科学，2017 (3)：33－35.

[16] 李方伟，李俊瑶，聂益芳等. 基于多代理系统的动态信任态势感知机制 [J]. 系统工程与电子技术，2017，39 (5)：1148－1153.

[17] 毕克克，牛占文，赵楠等. 基于不完全信息博弈的云制造环境下信任形成机制研究 [J]. 计算机集成制造系统，2016，22 (1)：95－103.

[18] 张磊，朱先奇，史彦虎. 科技型中小企业信任协调机制博弈分析——基于协同创新视角 [J]. 企业经济，2017 (8)：61－67.

[19] 孙宝林，桂超，刘畅等. 多维信任的手机银行风险评价指标体系研究 [J]. 武汉金融，2016 (5)：39－41.

[20] 张敏，郑伟伟，石光莲. 虚拟学术社区知识共享主体博弈分析——基于信任的视角 [J]. 情报科学，2016，35 (2)：55－58.

[21] 张加春. 嵌入性信任：网络社会下的信任关系 [J]. 中州学刊，2016 (6)：162－167.

[22] 童瑶，叶建木. 基于 ISM 的互联网金融信任机制形成的影响因素分析 [J]. 财会月刊，2017 (14)：124－128.

[23] Dash R. K., Ramchurn S. D., Jennings N. R. Trust－based Mechanism Design [C]. International Joint Conference on Autonomous Agents & Multiagent Systems, 2004.

[24] Yu Z., Chen H., Jiang X., et al. Content－Based Trust Mechanism for E-commerce Systems [C]. IEEE Asia-pacific Services Computing Conference, 2008.

[25] Peng D. S. A Distributed Trust Mechanism Directly Evaluating Reputation of Nodes [J]. Journal of Software, 2008, 19 (4): 946－955.

[26] 王亚奇，杨晓元，韩益亮等. Rumor Spreading Model with Trust Mecha-

nism in Complex Social Networks [J]. Communications in Theoretical Physics, 2013, 59 (4): 510 – 516.

[27] Hou Y., Yu X., Wang X., et al. The Effects of a Trust Mechanism on a Dynamic Supply Chain Network [J]. Expert Systems with Applications An International Journal, 2014, 41 (6): 3060 – 3068.

[28] Fei H., Min G., Man L., et al. Mobi Fuzzy Trust: An Efficient Fuzzy Trust Inference Mechanism in Mobile Social Networks [J]. IEEE Transactions on Parallel & Distributed Systems, 2014, 25 (11): 2944 – 2955.

[29] Guo J., Miao X., Zhang Z. Secure Minimum – Energy Multicast Tree Based on Trust Mechanism for Cognitive Radio Networks [J]. Wireless Personal Communications, 2012, 67 (2): 415 – 433.

[30] Tse D. W. K., Chen D., Liu Q., et al. Emerging Issues in Cloud Storage Security: Encryption, Key Management, Data Redundancy, Trust Mechanism [M]. Multidisciplinary Social Networks Research, 2014.

[31] Lu S. J., Wu J. Y. Study on Trust Mechanism of SNS Website [C]. International Conference on Internet Technology & Applications, 2010.

[32] Xiao W., Wei Q. Q. A Study on Virtual Team Trust Mechanism and Its Construction Strategies [C]. International Conference on Information Management, 2009.

[33] Xuan-Hua X. U., Wang B., Zhou Y. J., et al. Method for Large Group Decision Making with Incomplete Decision Preference Information Based on Trust Mechanism [J]. Control & Decision, 2016.

[34] Yun L. E., Jiang W. Occurrence Mechanism of Trust in Construction Projects [J]. Journal of Engineering Management, 2010.

工业聚集区研究参考文献：

[1] 桂黄宝．合作创新战略联盟治理机制分析 [J]. 科技管理研究，2011 (16)：18 – 21.

[2] 胡浩然，聂燕锋．产业集聚、产业结构优化与企业生产率——基于国家级开发区的经验研究 [J]. 当代经济科学，2018 (4)：39 – 47.

[3] 黄亚平，王智勇．簇群式城市工业聚集区特征及布局优化研究 [J]. 城市规划，2013，37 (12)：43 – 50.

[4] 安岩，赵经华，郝晓雅．以工业聚集区推进经济发展方式转变的个案调查 [J]. 经济纵横，2014 (7)：72 – 76.

[5] 唐凯峰，赵乐军，王华．高排放标准下工业聚集区废水处理厂提标改造

技术探讨 [J]. 给水排水，2018 (4).

[6] 文玫. 中国工业在区域上的重新定位和聚集 [J]. 经济研究，2004 (2)：84-94.

[7] 庞建军. 危险化学品产业聚集区火灾风险分析与对策研究 [J]. 工业安全与环保，2013，39 (11).

[8] 潘斌，彭震伟. 产业融合视角下城市工业集聚区的空间转型机制——基于上海市的三个案例分析 [J]. 城市规划学刊，2015 (2).

[9] 刘军，徐康宁. 产业聚集、工业化水平与区域差异——基于中国省级面板数据的实证研究 [J]. 财经科学，2010 (10)：65-72.

[10] 苏媞，董贝，杨平. 工业园区废水集中治理方法分析 [J]. 环境科学与技术，2011，34 (5)：187-192.

[11] 刘军，徐康宁. 产业聚集在工业化进程及空间演化中的作用 [J]. 中国工业经济，2008 (9)：37-45.

[12] Long Y. A. Empirical Study of China - ASEAN Free Trade Area (CAFTA) Industrial Agglomeration and Balance Effect [J]. Management & Administrative Sciences Review, 2013.

[13] Min Z. Study on Industrial Agglomeration and Economic Growth: The Evidence of Yangtze Delta Area [C]. International Conference on Information Science & Engineering, 2011.

[14] Maclachlan I. Kwinana Industrial Area: Agglomeration Economies and Industrial Symbiosis on Western Australia's Cockburn Sound [J]. Australian Geographer, 2013, 44 (4): 383-400.

[15] Song Y., Lee K., Anderson W. P., et al. Industrial Agglomeration and Transport Accessibility in Metropolitan Seoul [J]. Journal of Geographical Systems, 2012, 14 (3): 299-318.

[16] Gao S., Wei Y. H., Chen W., et al. Study on Spacial - correlation between Water Pollution and Industrial Agglomeration in the Developed Region of China: A Case Study of Wuxi City [J]. Geographical Research, 2011, 30 (5): 902-912.

[17] Kuncoro M., Wahyuni S. FDI Impacts on Industrial Agglomeration: The Case of Java, Indonesia [J]. Journal of Asia Business Studies, 2009, 3 (2): 65-77.

[18] Espa G., Arbia G., Giuliani D. Conditional Versus Unconditional Industrial Agglomeration: Disentangling Spatial Dependence and Spatial Heterogeneity in the Analysis of ICT Firms' Distribution in Milan [J]. Journal of Geographical Systems, 2013, 15

(1): 31 -50.

[19] Yi L., Chyi Y. L., Lin E. S., et al. Do Local Industrial Agglomeration and Foreign Direct Investment to China Enhance the Productivity of Taiwanese Firms? [J]. Journal of International Trade & Economic Development, 2013, 22 (6): 839 -865.

[20] Wheeler C. H. Technology and Industrial Agglomeration: Evidence from Computer Usage [J]. Papers in Regional Science, 2009, 88 (1): 43 -62.

[21] Sha M. O., Gui - Xiang H. E. The Research on Industrial Agglomeration and Export Sophistication of Chinese High-tech Industry [J]. Economic Survey, 2013, 1 (5): 47 -52.

[22] Zheng Q., Lin B. Impact of Industrial Agglomeration on Energy Efficiency in China's Paper Industry [J]. Journal of Cleaner Production, 2018 (184): 1072 -1080.

[23] Tang C., Wu J., He Y., et al. Theoretical Thinking on the Interaction of Urban - Agglomeration - Development Zone - Industrial Cluster [J]. Scientia Geographica Sinica, 2018.

生态风险研究参考文献：

[1] 马晓东. 生态风险治理评估研究——以三江源区为例 [J]. 生态经济, 2014, 30 (12): 160 -163.

[2] 康鹏，陈卫平，王美娥. 基于生态系统服务的生态风险评价研究进展 [J]. 生态学报，2016，36 (5): 1192 -1203.

[3] 许开鹏，王晶晶，迟妍妍等. 基于综合生态风险的云贵高原土地利用优化与持续利用对策 [J]. 生态学报，2016，36 (3): 821 -827.

[4] 周汝佳，张永战，何华春. 基于土地利用变化的盐城海岸带生态风险评价 [J]. 地理研究，2016，35 (6): 1017 -1028.

[5] 潘竟虎，刘晓. 疏勒河流域景观生态风险评价与生态安全格局优化构建 [J]. 生态学杂志，2016，35 (3): 791 -799.

[6] 何绪文，房增强，王宇翔等. 北京某污水处理厂污泥重金属污染特征、潜在生态风险及健康风险评价 [J]. 环境科学学报，2016，36 (3): 1092 -1098.

[7] 虞燕娜，朱江，吴绍华等. 多风险源驱动下的土地生态风险评价——以江苏省射阳县为例 [J]. 自然资源学报，2016，31 (8): 1264 -1274.

[8] 刘世梁，侯笑云，张月秋等. 基于生态系统服务的土地整治生态风险评价与管控建议 [J]. 生态与农村环境学报，2017，33 (3): 193 -200.

[9] 李杨帆，林静玉，孙翔. 城市区域生态风险预警方法及其在景观生态安全格局调控中的应用 [J]. 地理研究，2017，36 (3): 485 -494.

[10] 张月，张飞，王娟等．基于 LUCC 的艾比湖区域生态风险评价及预测研究 [J]．中国环境科学，2016，36 (11)：3465 - 3474.

[11] 黄木易，何翔．巢湖流域土地景观格局变化及生态风险驱动力研究 [J]．长江流域资源与环境，2016，25 (5)：743 - 750.

[12] 曾睿，柳建闽．农村城镇化生态风险法律规制的规范分析 [J]．农业现代化研究，2016，37 (4)：777 - 784.

[13] 李杨，李海东，施卫省等．基于神经网络的土壤重金属预测及生态风险评价 [J]．长江流域资源与环境，2017，26 (4)：591 - 597.

[14] 苏浩，吴次芳．基于景观结构的农林交错带土地利用生态风险时空分异研究 [J]．经济地理，2017，37 (5)：158 - 165.

[15] 吕永龙，王尘辰，曹祥会．城市化的生态风险及其管理 [J]．生态学报，2018，38 (2)：359 - 370.

[16] 汪翡翠，汪东川，张利辉等．京津冀城市群土地利用生态风险的时空变化分析 [J]．生态学报，2018 (12)．

[17] 文晨，杨虹，卢学强等．基于物种敏感性分布法的生态风险评价研究进展 [J]．安全与环境学报，2017，17 (1)：353 - 357.

[18] 苏超，张红，梁迅．基于模糊认知图的生态风险管理探究 [J]．生态学报，2014，34 (20)：5993 - 6001.

[19] 李书舒，李瑞龙，陈锐．区域生态风险管理研究热点展望 [J]．生态经济（中文版），2011 (11)：42 - 45.

[20] 康鹏，陈卫平，王美娥．基于生态系统服务的生态风险评价研究进展 [J]．生态学报，2016，36 (5)：1192 - 1203.

[21] 赵春盛，崔运武．国家战略背景下的省域生态安全风险管理问题及其对策——以云南省域生态安全风险管理为例 [J]．云南行政学院学报，2015 (6)：68 - 71.

[22] 吴金华，张伟，刘小玲．基于 RRM 模型的神木县土地整治规划生态风险评价 [J]．中国土地科学，2014，28 (3)：76 - 82.

[23] 石洪华，李自珍，李维德．区域生态系统风险管理的 EVR 模型及其应用研究 [J]．西北植物学报，2004，24 (3)：542 - 545.

[24] 王作功，贾元华，李健．基于生态系统理论构建的项目风险管理系统 [J]．北京交通大学学报，2009，33 (6)：56 - 60.

[25] 程洁，赵洁，龚娟．中国生态风险评价研究现状 [J]．环境科学与管理，2009，34 (11)：171 - 173.

[26] 王晓峰．生态风险评价及研究进展 [J]．环境研究与监测，2012 (1)：

61 – 63.

[27] Yi Y., Yang Z., Zhang S. Ecological Risk Assessment of Heavy Metals in Sediment and Human Health Risk Assessment of Heavy Metals in Fishes in the Middle and Lower Reaches of the Yangtze River Basin [J]. Environmental Pollution, 2011, 159 (10): 2575 – 2585.

[28] Solomon K. R., Giesy J. P., Lapoint T. W., et al. Ecological Risk Assessment of Atrazine in North American Surface Waters [J]. Environmental Toxicology & Chemistry, 2013, 32 (1): 10 – 11.

[29] Xuegong X. U., Rencang B. U. Regional Ecological Risk Assessment of Wetland in the Huanghe River Delta [J]. Acta Scicentiarum Naturalum Universitis Pekinesis, 2001.

[30] Beliaeff B., Burgeot T. Integrated Biomarker Response: A Useful Tool for Ecological Risk Assessment [J]. Environmental Toxicology & Chemistry, 2010, 21 (6): 1316 – 1322.

[31] King R. S., Richardson C. J. Integrating Bioassessment and Ecological Risk Assessment: An Approach to Developing Numerical Water-quality Criteria. [J]. Environmental Management, 2003, 31 (6): 795 – 809.

[32] Chapman P. M., Fairbrother A., Brown D. A Critical Evaluation of Safety (uncertainty) Factors for Ecological Risk Assessment [J]. Environmental Toxicology & Chemistry, 2010, 17 (1): 99 – 108.

[33] Hobday A. J., Smith A. D. M., Stobutzki I. C., et al. Ecological Risk Assessment for the Effects of Fishing [J]. Fisheries Research, 2011, 108 (2): 372 – 384.

[34] Bai J., Cui B., Chen B., et al. Spatial Distribution and Ecological Risk Assessment of Heavy Metals in Surface Sediments from a Typical Plateau Lake Wetland, China [J]. Ecological Modelling, 2011, 222 (2): 301 – 306.

[35] Cortés E., Arocha F., Beerkircher L., et al. Ecological Risk Assessment of Pelagic Sharks Caught in Atlantic Pelagic Longline Fisheries [J]. Aquatic Living Resources, 2010, 23 (1): 25 – 34.

[36] Neff J. M., Stout S. A., Gunster D. G. Ecological Risk Assessment of Polycyclic Aromatic Hydrocarbons in Sediments: Identifying Sources and Ecological Hazard [J]. Integrated Environmental Assessment & Management, 2010, 1 (1): 22 – 33.

[37] Cleveland C. B., Mayes M. A., Cryer S. A. An Ecological Risk Assessment for Spinosad Use on Cotton. [J]. Pest Management Science, 2010, 58 (1): 70 – 84.

阻断策略研究参考文献：

[1] 史成东，陈菊红，钟麦英. Downside - risk 测度下闭环供应链风险控制和利润分配机制研究 [J]. 控制与决策，2009，24（11）：1693 -1701.

[2] 李学迁，李进，刘美玲，董岗. 产品差异环境下基于信息和契约机制的供应链风险管理 [J]. 软科学，2010，24（9）：47 -50.

[3] 陈灿. 国外关系治理研究最新进展探析 [J]. 外国经济与管理，2012，34（10）：74 -81.

[4] 龙勇，王秉阳. 基于产业角度对联盟风险以及联盟治理机制的研究 [J]. 软科学，2011，25（12）：1 -6.

[5] 谢恩，苏中锋，李垣. 基于联盟风险的战略联盟控制方式选择 [J]. 管理工程学报，2009，23（3）：1 -5.

[6] 孙相文. 企业战略联盟风险分析与防范策略研究 [J]. 改革与战略，2009，25（2）：57 -60.

[7] 王元明，赵道致，徐大海. 基于风险传递的项目型供应链风险控制研究 [J]. 软科学，2008，22（12）：1 -4.

[8] 张存禄，朱小年. 基于知识管理的供应链风险管理集成模式研究[J]. 经济管理，2009（6）：117 -122.

[9] 彭皓玥. 公众参与区域生态风险防范模式影响因素及政策干预路径研究 [J]. 软科学，2015，29（2）：140 -144.

[10] 文忠桥. 国债投资的利率风险免疫研究 [J]. 数量经济技术经济研究，2005（8）：93 -101.

[11] 龚朴，何旭彪. 非平移收益曲线的风险免疫策略 [J]. 管理科学学报，2005，8（4）：60 -67.

[12] 买建国. 持续期模型与商业银行利率风险免疫管理 [J]. 当代财经，2005（10）：49 -53.

[13] 迟国泰，闫达文，杜娟. 基于信用与利率双重风险免疫的资产组合优化模型 [J]. 预测，2008，27（2）：42 -49.

[14] 王庆山，李健，刘炳春. 基于信任治理的中国区域碳市场企业违约风险传染阻断策略 [J]. 系统工程理论与实践，2017，37（9）：2268 -2278.

[15] 佐飞. 项目风险应对策略选择方法研究 [D]. 东北大学，2013.

[16] 赖茇宇，蒋靖，郑建国. 供应链风险控制策略 [J]. 东华大学学报（社会科学版），2008，8（1）：10 -14.

[17] 崔泽军. 信托公司的风险管理策略 [J]. 金融理论与实践，2009（1）：

49 – 53.

［18］史宇峰，张世英．动态投资组合风险控制策略［J］. 系统工程，2008，26（1）：39 – 44.

［19］向鹏成，张燕，张甲辉．工程项目主体行为风险传导机制研究［J］. 建筑经济，2012（8）：47 – 50.

［20］陈雪燕．企业重大风险确定及管理策略研究［J］. 中国商贸，2015（1）：46 – 48.

［21］关欣，张尧，金小丹．考虑风险关联的项目风险应对策略选择方法［J］. 控制与决策，2017，32（8）：1465 – 1474.

［22］代湘荣．供应链金融企业的风险控制策略［J］. 经济导刊，2011（8）：28 – 29.

［23］佐飞，张尧．考虑风险间关联作用的项目风险应对策略优选方法［J］. 技术经济，2014，33（6）：67 – 71.

［24］黄玉海．华侨城集团风险管理策略研究［D］. 北京交通大学，2010.

［25］Cagienard R.，Grieder P.，Kerrigan E. C.，et al. Move Blocking Strategies in Receding Horizon Control［J］. Journal of Process Control，2007，17（6）：563 – 570.

［26］Moll M.，Kuemmerle – Deschner J. B. Inflammasome and Cytokine Blocking Strategies in Autoinflammatory Disorders［J］. Clinical Immunology，2013，147（3）：242 – 275.

［27］Proudfoot A. E. I.，Power C. A.，Wells T. C. The Strategy of Blocking the Chemokine System to Combat Disease［J］. Immunological Reviews，2010，177（1）：246 – 256.

［28］Sinden R. E.，Carter R.，Drakeley C.，et al. The Biology of Sexual Development of Plasmodium：The Design and Implementation of Transmission – blocking Strategies［J］. Malaria Journal，2012，11（1）：70.

风险传染研究参考文献：

［1］陈爱早．供应链中企业财务风险传导要素分析［J］. 武汉理工大学学报（社会科学版），2009，22（5）：14 – 16.

［2］张乐才．企业资金担保链：风险消释、风险传染与风险共享——基于浙江的案例研究［J］. 经济理论与经济管理，2011（10）：57 – 65.

［3］程国平，邱映贵．供应链风险传导模式研究［J］. 武汉理工大学学报（社会科学版），2009，22（2）：36 – 41.

［4］翟运开．基于协同产品创新的区域性产业集群风险传染模式研究[J]．工业技术经济，2013（4）：109－115.

［5］夏喆．协同视角下企业风险传导的演化进程分析［J］．武汉理工大学学报，2010（24）：153－157.

［6］程国平，张剑光．基于产品基因理论的供应链产品质量风险传导研究［J］．改革与战略，2009，25（7）：145－148.

［7］袁裕辉．供应链网络社会责任风险传导研究［J］．工业工程，2012，15（4）：108－113.

［8］熊正德，冷梅．KMV 和 Apriori 算法在上市公司信用风险传染中的应用［J］．湖南大学学报（社会科学版），2010，24（3）.

［9］陈彦锟．基于无标度网络的信用违约风险传染效应研究［J］．统计与决策，2010（2）：20－23.

［10］周伟，何建敏，余德建．多元随机风险传染模型及沪铜场内外风险传染实证［J］．中国管理科学，2012，20（3）：70－77.

［11］陈建新，罗伟其，庞素琳．银行风险传染的集合种群模型——基于元胞自动机的动态模拟［J］．中国管理科学，2012，32（3）：543－548.

［12］王建秀，林汉川，王玉燕．企业风险传导的关联耦合效应研究［J］．经济问题，2015（1）：89－93.

［13］杨潮兴，张志峰．基于概率影响图的 R&D 项目风险传导评估模型[J]．中国安全科学学报，2011，21（1）：118－123.

［14］兰荣娟．基于 FAHP 的动态联盟运作风险因素排序研究［J］．模糊系统与数学，2010，24（4）：115－119.

［15］王倩，T. Hartmannwendels. 信用违约风险传染建模［J］．金融研究，2008（10）：162－173.

［16］李守伟，何建敏，龚晨．银行风险传染随机模型研究［J］．统计与信息论坛，2010，25（12）：26－30.

［17］廉永辉．同业网络中的风险传染——基于中国银行业的实证研究[J]．财经研究，2016，42（9）：63－74.

［18］纳鹏杰，雨田木子，纳超洪．企业集团风险传染效应研究——来自集团控股上市公司的经验证据［J］．会计研究，2017（3）：53－60.

［19］曲昭光，陈春林．基于 VAR 模型的我国金融控股集团风险传染效应分析［J］．金融理论与实践，2017（5）：39－45.

［20］肖斌卿，黄瞿慧．产业集群关联度、集群企业信贷可得与风险传染［J］．产业经济研究，2016（2）：74－86.

［21］李永奎，周一懋，周宗放．基于不完全免疫情景下企业间关联信用风险传染及其仿真［J］．中国管理科学，2017，25（1）：57－64．

［22］胡志浩，李晓花．复杂金融网络中的风险传染与救助策略——基于中国金融无标度网络上的 SIRS 模型［J］．财贸经济，2017，38（4）：101－114．

［23］周建华，张捷．产业集群担保网络结构与风险传染机制——以温州眼镜产业担保网和电气产业担保网为例［J］．产经评论，2016，7（4）：17－29．

［24］王献东，何建敏．金融市场间的风险传染研究文献综述［J］．上海金融，2016（7）：50－58．

［25］赵雪瑾，张卫国．基于风险传染的我国金融子市场风险预警研究［J］．预测，2016，35（3）：38－43．

［26］徐攀，于雪．中小企业集群互助担保融资风险传染模型应用研究［J］．会计研究，2018（1）．

［27］王丽珍，李秀芳，郑苏晋．基于分保偏好和风险组合冲击的财产保险市场系统性风险传染性研究［J］．中国软科学，2017（4）：41－53．

［28］崔蓓，王玉霞．供应链担保圈风险传染机制研究［J］．软科学，2017，31（6）：134－138．

［29］汲昌霖，韩洁平．能源金融的内涵、关联机制与风险传染研究——理论进展与评述［J］．经济体制改革，2018（2）．

［30］李晓伟，宗计川．金融稳定视角下的流动性风险传染研究新进展［J］．经济学动态，2018（4）．

［31］王营，曹廷求．中国区域性金融风险的空间关联及其传染效应——基于社会网络分析法［J］．金融经济学研究，2017（3）：46－55．

［32］马丹，刘丽萍，陈坤．关联效应还是传染效应［J］．统计研究，2016，33（2）：99－106．

［33］翁洪服，林俊山．去产能政策的激励相容安排与系统风险防范［J］．金融发展研究，2016（11）：76－80．

［34］叶建木，邓明然，王洪运．企业风险传导机理研究［J］．理论月刊，2005（3）：156－158．

［35］石友蓉．风险传导机理与风险能量理论［J］．武汉理工大学学报（信息与管理工程版），2006，28（9）：48－51．

［36］盛蕾．基于风险传导机理的企业集团财务风险管控［J］．中国农业会计，2017（3）：46－49．

［37］张伟伟．新常态下煤炭产业金融风险传导机制研究——以阳泉市为例［J］．华北金融，2017（3）：73－76．

［38］辛玉红，孙延明．风险传导下的供应链鲁棒性分析与仿真研究［J］．科技管理研究，2017，37（14）：245－253.

［39］金颖颖．财务链视角下的企业风险传导效应研究［J］．中国注册会计师，2018（1）．

［40］牛晓健，崔璨．中国企业担保圈风险传导机制研究——以“河北担保圈”为例［J］．盐城工学院学报（社会科学版），2017（3）：24－32.

［41］张凤玲，吴雪香，盛永亮．当前海南区域金融风险及财政风险传导机制研究分析［J］．财政监督，2016（17）：5－11.

［42］朱晓哲．基于货币国际化视角的系统性风险传导机制与监管策略［J］．改革与战略，2016（9）：55－58.

［43］杨洋．供应链融资视角下的商业银行信用风险传导机制研究［J］．西部金融，2016（12）：10－14.

［44］Cifuentes R.，Ferrucci G.，Shin H. S. Liquidity Risk and Contagion［J］. Journal of the European Economic Association, 2005, 3（2/3）：556－566.

［45］Furfine C. H. Interbank Exposures：Quantifying the Risk of Contagion［J］. Journal of Money Credit & Banking, 2003, 35（1）：111－128.

［46］Allen F.，Carletti E. Credit Risk Transfer and Contagion［J］. Journal of Monetary Economics, 2005, 53（1）：89－111.

［47］Jorion P.，Zhang G. Credit Contagion from Counterparty Risk［J］. Journal of Finance, 2009, 64（5）：2053－2087.

［48］Beirne J.，Fratzscher M. The Pricing of Sovereign Risk and Contagion during the European Sovereign Debt Crisis［J］. Journal of International Money & Finance, 2013, 34（1）：60－82.

［49］Zhang P. J. G. Credit Contagion from Counterparty Risk［M］. Lessons from the Financial Crisis：Causes, Consequences, and Our Economic Future, 2011.

［50］Scherer C. W.，Cho H. A Social Network Contagion Theory of Risk Perception［J］. Risk Analysis, 2010, 23（2）：261－267.

［51］Martínez－Jaramillo S.，Pérez O. P.，Embriz F. A.，et al. Systemic Risk, Financial Contagion and Financial Fragility［J］. Journal of Economic Dynamics & Control, 2010, 34（11）：2358－2374.

［52］Metiu N. Sovereign Risk Contagion in the Eurozone［J］. Economics Letters, 2012, 117（1）：35－38.

［53］Cabrales A.，Gottardi P.，Vega－Redondo F. Risk－Sharing and Contagion in Networks［J］. Social Science Electronic Publishing, 2014（18）：1－71.

[54] Moussa A. Contagion and Systemic Risk in Financial Networks [J]. Dissertations & Theses – Gradworks, 2011.

[55] Cook D. O., Spellman L. J. Firm and Guarantor Risk, Risk Contagion, and the Interfirm Spread among Insured Deposits [J]. Journal of Financial & Quantitative Analysis, 1996, 31 (2): 265 – 281.

[56] Pais A., Stork P. A. Contagion Risk in the Australian Banking and Property Sectors [J]. Journal of Banking & Finance, 2011, 35 (3): 681 – 697.

[57] Toivanen M. Financial Interlinkages and Risk of Contagion in the Finnish Interbank Market [J]. Social Science Electronic Publishing, 2009.

[58] Chinazzi M., Fagiolo G. Systemic Risk, Contagion, and Financial Networks: A Survey [J]. Lem Papers, 2013.